公安消防部队士兵职业技能鉴定培训教材

通信与计算机专业

TONGXINYUJISUANJI
ZHUANYE

# 消防通信员技师技能

XIAOFANGTONGXINYUANJISHIJINENG

公安部消防局 编

南京大学出版社

**图书在版编目(CIP)数据**

消防通信员技师技能/公安部消防局编. —南京：南京大学出版社,2016.11
公安消防部队士兵职业技能鉴定培训教材
ISBN 978-7-305-17851-1

Ⅰ. ①消… Ⅱ. ①公… Ⅲ. ①消防—通信系统—职业技能—鉴定—教材 Ⅳ. ①TU998.13

中国版本图书馆 CIP 数据核字(2016)第 255411 号

出版发行 南京大学出版社
社　　址 南京市汉口路 22 号　　邮　　编 210093
出 版 人 金鑫荣

丛 书 名 公安消防部队士兵职业技能鉴定培训教材
**书　　名 消防通信员技师技能**
编　　者 公安部消防局
责任编辑 刘　灿　　编辑热线 025-83597482

照　　排 南京理工大学资产经营有限公司
印　　刷 虎彩印艺股份有限公司
开　　本 880×1230 1/32 印张 7 字数 161 千
版　　次 2016 年 11 月第 1 版 2016 年 11 月第 1 次印刷
ISBN 978-7-305-17851-1
定　　价 28.00 元

网　　址：http://www.njupco.com
官方微博：http://weibo.com/njupco
官方微信号：njupress
销售咨询热线：(025)83594756

公安消防部队士兵职业技能鉴定培训教材

通信与计算机专业编审委员会

主　任　杜兰萍

副主任　张福生

委　员　金京涛　王　川　傅永财

张　昊　刘国峰　高宁宇

《消防通信员技师技能》教材

主　　编　张　昊

编写人员　金京涛　娄　旸　林　海

# 前 言

消防工作关系人民群众安居乐业，关系改革发展稳定大局，是构建社会主义和谐社会的重要保障。随着我国改革开放的深入推进，经济社会快速发展，各种传统与非传统安全识知相互交织，公共安全形势日益严峻，而公安消防队伍作为保障国家公共安全的重要力量，灭火救援任务日趋繁重。面对火灾、爆炸、地震和群众遇险等需要灭火救援的突发状况，如何充分利用现代通信技术和手段，增强应急通信保障能力，提高消防部队战斗力，构建我国消防通信员职业资格制度和考核评价体系，促进人才队伍建设，是当前迫切需要解决的问题，也是我们编写本套教材的初衷和目的。

本系列丛书的编写以消防通信员职业技能标准为依据，教材涉及的知识面相对比较全面，基本涵盖各级通信岗位应掌握的核心知识点和技能要求，其中：基础知识作为各等级的共用必修部分，以基本概念、基本原理等基础理论为主；不同等级的内容以应知应会为主，深度和广度有所区分，各模块内容比重平衡。教材所附操法，贴近岗位，贴近实战，具有较强的可操作性。所有知识点和操法，都是对常用知识、技能的归纳、提炼和总结，使读者既可以系统地学习，也可以随用随查，也便于广大消防通信人员查阅、使用，不断提高自身职业技能水平。

编委会

二〇一六年四月

# 编写说明

开展士兵职业技能鉴定工作是深入推进公安消防部队正规化建设的新要求，是加强公安消防部队人才队伍建设的新举措，对进一步完善士兵考核评价体系，增强士兵岗位任职能力，不断提高部队战斗力具有重要意义。

为贯彻落实《公安现役部队士兵职业技能鉴定实施办法（试行）》，科学规范消防部队士兵职业技能鉴定工作，建立和完善职业技能培训和鉴定工作的良好机制，公安部消防局组织基层部队和士官学校有关人员，依据《消防通信员职业技能标准》，编写本套公安消防部队士兵职业技能鉴定培训教材。

配套教材根据初级、中级、高级、技师和高级技师等不同等级职业技能鉴定要求，分为《消防通信员基础知识》《消防通信员初级技能》《消防通信员中级技能》《消防通信员高级技能》《消防通信员技师技能》和《消防通信员高级技师技能》六册。本系列教材内容分等级、重操作，明确了各级消防通信员的职业技能要求、训练考核标准，力求内容丰富、实用规范，努力做到训战一致、科学合理。

本册内容分为两篇，由张昊主编。第一篇第一章第一节由张昊编写，第一篇第一章第二节、第一篇第二章第二节由金京涛编写，第一篇第二章第一节、第一篇第三章第一节由娄旸编写，第一篇第三章第二节、第二篇由林海编写。

在编写过程中，公安部消防局领导高度重视，亲自指导；部消防局信息通信处与各参编总队、士官学校紧密协作，扎实工作；全体编写人员潜心钻研、认真编著，顺利完成编写工作。

由于时间较紧，编写中难免有疏漏和不当之处，请各地在使用中提出宝贵意见，以便再版时修改完善。

# 目 录

## 第一篇 基础知识

# 第二篇　职业技能鉴定操法(技师)(试行)

# 第一篇

# 基础知识

# 第一章
# 消防通信网络与业务系统管理

## 第一节 基础通信网络与设备的操作

**1. 常见的网络故障排查命令有哪些？**

**答** （1）ping

PING（packet internet groper），因特网包探索器，用于测试网络连接量的程序。

网管使用最频繁的应当是 ping 命令，它不仅可以检查网络是否连通，还有益于分析判断网络故障。其常用方法有：

① ping 本机 IP

本机始终都是应该对该 ping 命令做出应答，如显示"Request timed out"，则表示本地网卡配置或安装存在问题。

② ping 网关 IP

命令应答如果正确，表示局域网中的网关路由器在正常运行。

③ ping 远程 IP

该命令将数据包传送至其他机器并等待应答。通常情况下，若收到应答则表示与其他机器通信正常；若未收到应答则可能是本机网卡设置包括 IP 或者子网掩码错误，也可能是网络路由交换出现错误，还可能是对方机器拒绝应答 ping 命令等。

④ ping localhost

localhost 是系统的网络保留名，它是 127.0.0.1 的别名，每台机器都能将该名字转换成该地址。

⑤ ping www. xxx. com(如 www. sina. com)

直接对域名执行 ping 命令，通常是通过 DNS 服务器将域名解析成为 IP 地址。如果出现故障，则表示 DNS 服务器的 IP 地址配置不正确或 DNS 服务器有故障。

简言之，如果 ping 运行正确，我们大体上就可以排除网络层、数据链路层、物理层等存在的故障，从而减小了问题的范围。但由于可以自定义所发数据包的大小及无休止的高速发送，ping 也被某些别有用心的人作为 DDOS(拒绝服务攻击)的工具，例如许多大型的网站就是被黑客利用数百台可以介入互联网的电脑连续发送大量 ping 数据报而瘫痪的。

(2) Netstat

Netstat 用于显示与 IP、TCP、UDP 和 ICMP 协议相关的统计数据，一般用于检验本机各端口的网络连接情况。

① netstat -s

本命令能按照各协议分别显示其统计数据。如果我们的应用程序或浏览器运行速度较慢，或者不能显示 Web 页之类的数据，那么我们就可以用本选项来查看所显示的信息。

② netstat -e

用于显示以太网统计数据。它列出了发送和接收端的数据包数量，包括传送的数据包的总字节数、错误数、删除数、数据包的数量和广播的数量，可用来统计基本的网络流量。

③ netstat -r

可显示路由表信息。

④ netstat -a

显示所有有效连接信息列表，包括已建立连接

(ESTABLISHED)与监听连接请求(LISTENING)的连接。

⑤ netstat - n

显示所有已建立的有效连接和相应端口及状态。

⑥ netstat - o

显示与每个连接相关的进程 ID(PID)。

⑦ netstat - p protocol

显示 protocol 所指定的协议连接。

(3) IPConfig

IPConfig 用于显示当前 TCP/IP 配置。如果我们的计算机和所在局域网使用了动态主机配置协议(DHCP),这时 IPConfig 可以让我们了解自己的计算机是否成功租用到一个 IP 地址,如果租用到,则可以了解它目前分配到的是什么地址。了解机器当前 IP 地址、子网掩码和缺省网关实际上有利于测试和分析故障。

① IPConfig

它显示每个已经配置的接口的 IP 地址、子网掩码和缺省网关值。

② IPConfig/all

当使用 all 选项时,IPConfig 能为 DNS 和 WINS 服务器显示它已经配置且所要使用的附加信息(如 IP 地址等),并且显示内置于本地网卡中的物理地址(MAC)。

(4) ARP

ARP(地址转换协议)是一个重要的 TCP/IP 协议,根据 IP 地址获取对应的网卡物理地址。ARP 命令能够查看本地高速缓存中的当前内容。

① arp - a 或 arp - g

用于查看高速缓存中的所有项目。

② arp - a IP

如果我们有多个网卡，那么使用 arp - a 加上接口的 IP 地址，就可以只显示与该接口相关的 ARP 缓存项目。

(5) Tracert

如果网络连通有问题，可用 tracert 检查到达的目标 IP 地址的路径并记录结果。Tracert 的使用很简单，只需要在 Tracert 后面跟一个 IP 地址或 URL，Tracert 一般用来检测故障的位置，我们可以用“tracert IP”确定在哪个环节上出了问题。

(6) Route

Route 命令就是用来显示、人工添加和修改路由表项目的命令。大多数主机一般都是驻留在只连接一台路由器的网段上。由于只有一台路由器，因此，不存在使用哪一台路由器将数据包发送到远程计算机的问题，该路由器的 IP 地址可作为该网段上所有计算机的缺省网关输入。但是，当网络上拥有两个或多个路由器时，我们就不一定只依赖缺省网关了。实际上我们可能想让某些远程 IP 地址通过某个特定的路由器来传递，而其他的远程 IP 则通过另一个路由器来传递。Route print 命令用于显示路由表中的当前项目，在单路由器网段上的输出。

(7) NBTSTAT

本命令用于提供关于 NetBIOS 的统计数据。运用 NetBIOS，我们可以查看本地计算机或远程计算机上的 NetBIOS 名字表格。

① nbtstat - n

显示寄存在本地的名字和服务程序。

② nbtstat - c

用于显示 NetBIOS 名字高速缓存的内容。NetBIOS 名字

高速缓存用于存放与本计算机最近进行通信的其他计算机的NetBIOS名字和IP地址。

③ nbtstat -r

用于清除和重新加载NetBIOS名字高速缓存。

④ nbtstat -a IP

通过IP显示另一台计算机的物理地址和名字列表,我们所显示的内容就像对方计算机自己运行nbtstat -n一样。

**2. 使用ping命令进行网络状态检测的前提是什么?**

**答** 使用ping命令进行网络状态检测的前提是局域网计算机必须已经安装TCP/IP协议,并且每台计算机已经分配了IP地址。

**3. ping命令的错误提示有几种,各代表什么含义?**

**答** ping命令的错误提示有四种。

(1) Request timed out。表示此时发送的数据包没能到达目的地,这有可能是两种情况:一是网络不通,二是网络连通状态不佳。

(2) unknown host(不知名主机)。这种出错信息的意思是该远程主机的名字不能被域名服务器(DNS)转化为IP地址。网络故障可能是DNS有故障,或者其名字不正确,或者网络管理员的系统与远程主机之间的通信线路有故障。

(3) Destination host unreachable。通常情况是目标IP与本机不是同一网段,且本机未正确配置默认网关。

(4) no answer(无响应)。远程系统没有响应。这种故障说明本地系统有一条到达远程主机的路由,但却接收不到它发给远程主机的任何分组报文。这种故障的可能是:远程主机没有工作,或者本地或远程主机网络配置不正确,或者本地或远程的路由器没有工作、或者通信线路有故障,或者远程主机存在路由选择问题。

**4. 网线里面8根线缆,哪些是负责数据传输的?分别对应什么颜色?**

**答** 网线里面的8根线缆,其中1、2、3、6线缆是主要负责数据传输的,对应的线缆颜色是白橙、橙、白绿、绿。

**5. 程控交换机由哪些设备组成?**

**答** 程控交换机分为硬件设备和软件程序两部分。

(1) 硬件部分

程控交换机的主要任务是实现用户间通话的接续。硬件分为两大部分,即话路子系统和控制子系统。话路部分用于收发电话信号、监视电路状态和完成电路连接,控制设备就是电子计算机。程控交换机实质上是采用计算机进行“存储程序控制”的交换机,它将各种控制功能与方法编成程序,存入存储器,利用对外部状态的扫描数据和存储程序来控制,管理整个交换系统的工作。

(2) 软件部分

软件包括程序部分和数据部分。程序部分包括操作系统程序和应用程序。数据部分包括系统数据、交换框架数据、局数据、路由数据和用户数据。

(3) 信令系统

在交换机内各部分之间或者交换机与用户、交换机与交换机之间,除传送话音、数据等业务信息外,还必须传送各种专用的附加控制信号(信令),以保证交换机协调动作,完成用户呼叫的处理、接续、控制与维护管理功能。

**6. 程控交换机的主要功能和指标?**

**答** 程控交换机的主要功能包括组网接入和对电话呼叫的接续、交换。程控数字交换系统的主要指标:

(1) 程控交换机的容量指标

主要包括交换机能够承受的话务量、呼叫处理能力、交换机能够接入的用户线和中继线的最大数量以及过负荷控制能力等。

(2) 程控交换机提供的接口

程控交换机提供的通信接口包括用户接口和中继接口。

(3) 可靠性指标

可靠性指标是衡量电话交换机维持良好服务质量的持久能力的指标。为了表示系统的可用度和不可用度,定义了两个时间参数,平均故障间隔时间(mean time between failure, MTBF)和平均故障修复时间(mean time to repair, MTTR)。前者是系统的正常运行时间,后者是系统因故障而停止运行的时间。

(4) 交换系统的可维护性

故障定位准确度:交换机具有较高的自动化和智能化程度,一般可以将故障可能发生的位置按照概率大小依次输出,有些简单的故障可以准确地定位到电路板甚至芯片。

再启动次数:再启动是指当系统运行异常时,程序和数据恢复到某个起始点重新开始运行。

(5) 服务质量标准

呼损指标:被叫空闲的条件下,交换设备未能完成的电话呼叫数量和用户发出的电话呼叫数量的比值,简称呼损。

接续时延:包括用户摘机后听到拨号音的时延和用户拨号完毕至听到回铃音的时延。

**7. 接警调度程控交换机的功能是什么?**

**答** (1) 提供计算机与电话集成(CTI)接口;

(2) 具有基本呼叫接续功能;

(3) 具有双向通话的组呼功能,组呼用户数不少于8方;

(4) 具有会议电话功能,会议方不少于3方;

(5) 能对预先设置的多个电话进行轮询呼叫;

(6) 具有监听、强插、强拆和挂机回叫功能;

(7) 能在座席间相互转接,完成呼叫转接、代接功能,在此过程中呼叫数据同步转移;

(8) 具有话务统计功能,能统计呼入次数、接通次数、排队次数、早释次数和平均通话时长等数据;

(9) 电话报警接续中具有第四位拦截功能;

(10) 接收通信网局间信令中送来的报警电话号码。

**8. 如何做好程控交换机的维护工作?**

**答** 交换机的维护大致分为两种:预防性维护和纠正性维护。预防性维护是通过监视、测量和抽查等手段,收集各种所需要的数据,并对这些数据进行分析,进而提出排除故障隐患的具体办法及措施;纠正性维护是在设备出现故障后,采取必要的措施。平时设备的维护以预防性维护为主,防患于未然。这就要求维护人员在日常维护过程中,要善于发现设备潜在的故障,找出可能诱发故障的因素,消除设备的隐患。在设备出现故障以后,要及时找出这些故障的根源。因此,维护人员要认真做好各种告警、故障记录,收集全部有关数据,仔细分析观察,积累总结经验。

**9. 野战光纤的定义和性能特点?**

**答** 野战光纤被复线是一种具有高强度力学性能,轻便易携带,能够在野外环境下快速、机动、灵活铺设的光纤线材,可以反复收放使用,适用于部队野战和应急机动条件下的光通信需求,也适用于通信光缆的快速抢通。

性能特点包括:

(1) 传输性能优良。传输性能符合 G.657 光纤传输标准。

(2) 轻便。野战光纤有 2 芯和 4 芯的,产品尺寸小、重量轻,单人可完成携带和架设作业,既可地面敷设,又可临时架挂、穿管、简易埋设等多种方式,适用于各种复杂条件下的应用。

(3) 机械特性强。采用高强度抗弯曲光纤,被复线外护层材料采用抗拉、耐磨、抗腐蚀、阻燃材料,专用连接器采用轻合金材料卡口结构,防震、防水、抗压。

(4) 易于操作,便于维修。使用单位能够制备接头、修复断线,可以现场快速抢修,能够进行一般指标测试。

**10. 有线传输设备的分类和主要功能?**

**答** 根据承载业务的不同,传输设备有很多种类,有基于PDH、SDH 电信传输网络的,也有基于光纤复用点对点传输的。

(1) SDH/PDH 传输设备

SDH/PDH 传输设备常用于程控交换机数字中继接入、局间链路传输和数据网接入等业务。SDH/PDH 设备具有丰富的接口速率,从 2 Mb/s 到 40 Gb/s 不等,在实际工作中需要根据当前业务和发展的需要进行科学合理的设计。例如:某消防部队拟使用 SDH 传输网组建消防调度指挥网,计划接入 150 个中队或直属单位,接入带宽为 10 Mb/s,那么 150 个单位汇聚到总队就需要 1 500 Mb/s 的总带宽,然后根据总带宽选择相应的SDH 产品。

(2) 综合业务复用器

① 基于光纤传输的综合业务光端机。在特大灾火救援现场或演练中,有时需要在前方、后方指挥部之间同时开通网络、电话、视频等多种通信业务,如果按照传统的办法需要分别铺设网络、电话、视频等多条传输线路,工作量大且效率低,可能发生的故障点多,排查困难,这时使用综合业务光端机就可以解决这

些问题。综合业务光端机的作用是用 1 对光纤、1 对光端机实现语音电话、音视频、网络、控制数据等多种业务信息的实时同步传输。

② 基于 E1 的综合业务复用器。在消防部队有线调度通信网和信息网的建设中，为了节省传输线路的开支，提高传输线路的利用率，通常采用数据和语音复用传输专线的方式来进行组网，这里常用到基于 E1 链路的综合业务复用器。该复用器的上联接口（对电信运营商的接口）为 E1，下联的用户业务接口为以太网接口和电话接口，即可以通过 E1 同时传输网络数据和电话语音。利用这个设备可以搭建语音、数据调度专网。

**11. 消防部队集群通信使用的频率是什么？集群通信其他常用的频段有哪些？**

**答** 消防部队使用的集群通信系统的工作频段主要是 350 MHz频段，邻道之间的频率间隔为 25 kHz。集群系统中，通信的双方（基站和用户终端）采用多对双工频率，在控制中心的控制下，按照动态分类的方式实现双向通信；每个信道的上下行频率间隔为 10 MHz。

其他常用频段主要是 150 MHz、450 MHz、800 MHz 等频段，均有大量集群产品和应用案例。

**12. 集群系统的组网方式是什么？**

**答** 模拟集群系统一般采用小容量大区制的覆盖（又称为单站结构），联网的模拟集群系统和数字集群系统一般采用大容量小区制的覆盖（又成为蜂窝网结构）。

所谓大区制是指用一个基站覆盖整个业务区，业务区半径一般为 30 km 左右，可大至 60 km。大区制一般可容纳数百至数千用户。

所谓小区制是将整个服务区划分为若干无线小区（又称基站区），每个小区服务半径为 2～10 km。信号覆盖完全不重叠的两个小区可以使用相同的频率，通过频率复用的方式提高有限频率的利用率。

**13. 数字集群业务特点？**

**答** (1) 组呼：一呼百听，发起一次呼叫即可建立全小组通信，共享信道，组内用户不受限制。在多组发出呼叫时，共享网络资源，互不干扰。

(2) 广播呼叫：发起呼叫后，所有网内被呼用户均可收到发起呼叫者的讲话。适合领导短时间的讲话等广播通信业务。操作简便，发起直接讲话，无须再按 PTT 键。

(3) 多优先级：为不同组、用户提供不同优先级别的业务优先权。组内优先级高用户可抢占低优先级的讲话；高优先级组呼叫可抢占低优先级组通话的信道；组呼可以抢占点对点通信信道。

(4) 功能号码寻址：利用号码定义岗位，谁上岗谁注册，自动转接到对应的真实用户。

(5) 动态重组：灵活的编组方式，调度人员可以根据权限任意合并、分拆、创建、删除一个组；可以在一个组中任意添加、删除一个用户。

(6) 紧急呼叫：具有紧急呼叫按键，优先级别越高越先接入网络。

(7) 电话互连：可用公网电话互连。

(8) 短号互拨：集团内部分配短号，可以直接拨号。

数字集群除具有以上业务特点外，还可根据用户需求开通环境监听、机密呼叫、讲话方识别、缜密呼叫、端到端加密等业务。

**14. PDT (police digital trunking)警用数字集群通信系统标准的主要性能有哪些?**

**答** PDT警用数字集群通信系统的标准,是由公安部牵头,由国内行业系统供应商参与制定,借鉴国际已经发布的标准协议的优点,结合我国公安无线指挥调度通信需求,推出的一种数字专业无线通信技术标准,是我国公安行业数字集群通信系统的建设方向。PDT标准吸收了国际上专业数字无线通信标准Tetra、P25和DMR的优点,并结合目前国内公安行业大量使用的350 MHz警用集群通信系统的使用习惯,推出的中国完全拥有自主知识产权的一种全新的数字集群通信体制。

该标准采用TDMA时分多址方式,4FSK调制方式,大区制覆盖,全数字语音编码和信道编码,具备灵活的组网能力和数字加密能力;拥有开放的互联协议,能够实现不同厂家系统之间的互联和与MPT-1327模拟集群通信系统的互联。PDT标准主要性能:

多址方式:TDMA 2时隙;

工作频段:350 MHz;

频率间隔:12.5 kHz;

调制方式:4FSK;

调制速率:9 600 bit/s;

业务能力:语音调度、短消息、状态消息和分组数据;

工作方式:支持单工、半双工和双工通信。

**15. 消防部队应用数字集群技术的优势有哪些?**

**答** 我国消防部队无线通信目前大多采用常规双频半双工大区网的组网方式,多数城市还加入了当地专用集群网。城市数字集群与以上网络相比具有诸多的优点。

(1) 调度功能强大。数字集群所具有的组呼、广播呼叫、多优先级、紧急呼叫等功能可以大大改善和解决消防部队在火场和抢险救援现场由于频率资源不足而导致的通信秩序混乱、相互干扰、联络不畅等问题。

(2) 组网方式灵活。调度人员可以根据权限任意合并、分拆、创建、删除、添加、组合用户，使组网方式可以根据需要灵活组织。除此之外，消防调度子网还可与当地城市其他行业和部门(110、122、120、电力、气象、煤气、自来水等)的通信专网互联互通，组建城市应急通信调度指挥系统。如数字集群网在全国普及，即可建立跨地区、跨省市的全国消防无线通信调度指挥系统。

(3) 网络覆盖面大。消防无线通信网依靠本单位自行建设，一般采用单基站或几个基站来满足覆盖要求。但由于地形地物、各类大型建筑的影响，会出现很多的盲区和死角，而政府或公安部门统一建设的数字集群会考虑到多个行业和部门用户群的要求，所建基站数量远大于消防专网的基站数。因此网络覆盖面大，死角和盲区会减少许多。

(4) 信道数量多。共网方式的信道数量远大于专网信道数量，因此在通信过程中会减少许多因信道数量不足而产生的堵塞现象。

(5) 投资维护管理费用低。据有关资料统计表明：若三个不同部门或行业不建设专网，改建一个统一的共享平台，能够节省 60%的设备成本、50%的网络实施成本和 50%的运行维护成本。城市数字集群系统服务于城市数十个部门，因此节省费用还要在上列数字之上。

城市数字集群的建设，为解决消防无线通信难的问题提供了良好的网络基础。北京、沈阳、重庆等城市数字集群已投入运营，其他一些城市也在建设过程中，城市数字集群的发展已成为必然。消防部队应借助于这个良好的网络基础，结合部队的实际情况，建设能够快速反应的现代化调度指挥移动通信网。

**16. 短波自适应通信技术的作用是什么？**

**答** （1）有效地改善衰落现象；

（2）有效地克服“静区”效应；

（3）有效地提高短波通信抗干扰能力；

（4）有效地拓展短波通信业务范围。

**17. 双工器是什么？**

**答** 双工器是异频双工电台及中继台的主要配件，其作用是将发射和接收讯号相隔离，保证接收和发射都能同时正常工作。它是由两组不同频率的带阻滤波器组成，避免本机发射信号传输到接收机。

**18. 中继台的功能、组成和工作模式？**

**答** 主要功能：中继台又称中转台、转发台，在无线电常规通信系统中，中继台主要用于对移动用户台发来的信号进行变频转发，提高无线电信号的传输距离，扩展通信覆盖范围。

组成：它主要由发射机模块、接收机模块、控制电路、天线双工器、电源模块组成。

工作模式：中继台的转发是实时的，因此，工作为双工模式，即接收和发射同时工作。

**19. 无线电综合测试仪的组成配件有哪些？**

**答** （1）频率计

频率计数器可以测量发射机的载频实际频率，以了解载频误差。不同制式的发射机对载频误差的要求是不同的，例如，常规 FM 调频对讲机频率偏差 1 kHz 问题不大，但是 SSB 单边带调制偏差 200 Hz，声音就明显变调了。综合测试仪的频率计功能与常规独立频率计相比多了自动误差计算功能，很多综合测试仪可以直接显示载频误差值，无须用户自己再做加减法，该功能对自动化测试和批量测试很有帮助。此外，有的综合测试仪支持对一些特殊的 TDMA 时分多址信号，如 GSM、TETRA、IDEN、MOTITHBO 以及 CDMA/WCDMA 信号的频率计数，由于这些信号大多不是连续的，所以，常规频率计无法对其直接测量。

（2）射频功率计

综合测试仪的射频功率计功能类似终端式功率计（只能用于功率的测量，不能用来测量天线的驻波比）。目前主流的综合测试仪都是程控数字化产品，所以功率计的测量结果也是直接数字读出的，并且可以选择 W 或 dBm 等常用单位，免除了用户换算之苦。与传统指针式功率计相比，综合测试仪的数字功率计具有量程广、读数方便、单位灵活的特点，尤其在小功率的测量方面，比指针式驻波比功率计的性能好得多。此外，有的综合测试仪支持 TDMA 和 ODMA 信号的专项功率测量，这是常规通用功率计所不具备的功能。

（3）射频信号发生器

这项功能是通过模拟实际空中信号的强度来测试接收机的灵敏度。为了能让接收机模拟实际使用中一样的接收信号，信号发生器除了提供准确的频率和幅度外，还需要具备相同的调制方式。综合测试仪的信号发生器支持多种调制形式，包括模拟信号和数字信号。常规的模拟信号调制是 AM 和 FM，常用于测试模拟对讲机、收音机的接收灵敏度。对于数字信号则是各种专门的调制制式，如 TETRA、IDEN、MOTOTRBO、GSM、CDMA、WCDMA、蓝牙等，有的需要网络支持的设备（如数字移动电话），还需要模拟基站通信功能。综合测试仪数字信号和专用信号的产生是普通标准信号发生器所不具备的。

（4）调制度仪

这项功能用来检测调制信号调制特性。例如，常用的模拟调频对讲机可以利用调制度仪功能检测其调制频偏范围。FM调制度如果偏小，语音就会偏轻，如果调制度过大，语音就会发浑，同时也容易干扰相邻信道的信号。现在市场上独立的调制度仪已经比较少见了，所以测量对讲机的调制度一般都靠综合调试仪上集成的功能。

（5）信纳比仪

这项功能用来检测音频信号信噪比。它主要配合射频信号发生器来测量接收机（这里指模拟调制接收机）在一定信噪比标准下的接收灵敏度。随着输入信号的逐渐减小，接收机输出的噪声逐渐增加，信噪比也随之降低，当信噪比劣化到预设指标时（一般对讲机灵敏度检测标准是 $S/N=12$ dB），信号发生器输出的电平就视为接收机的灵敏度。

（6）频谱仪

用于显示频率和幅度关系。通过频谱显示可以了解信号的基本特征，包括占用带宽、频谱图等，并可用来检测发射机带外辐射和高次谐波抑制情况。频谱仪配合跟踪信号源可以检测两端口网络的频幅特性，用户可以借此来调测滤波器、双功率等器件，配合驻波电桥还能用于测量天线的特性。

综合测试仪只是一个笼统的习惯性称谓，不同用途的综合测试仪的仪器配置功能会有不同，并不是所有综合测试仪的功能都是完全一样的。常见的综测仪有模拟信号综合测试仪和数字信号综合测试以及专用综合测试仪之分。模拟信号综合测试仪主要针对主流的常规模拟调制的对讲机和短波电台，频率测试范围大多在 1～1 000 MHz，可以测量常规 FM、AM、CW、SSB 信号的收发信机，常见的 HP 8920、R&S CMS5O/52、马可尼 22955/2966、IFR2944/2945/2946、MOTOFIOLA R2600 都属于此类。数字信号综合测试仪主要针对各种数字调制的收发信机和移动电话,因为各种数字制式彼此不兼容,特性也不同,所以,很多数字信号综合测试仪通过选件插件板或授权软件的形式提供特定制式的数字信号测试功能。有的多功能数字信号综合测试仪也兼容模拟信号的测试,但非其主要功能。专用综合测试仪一般指专为某一特定制式信号测试设计的综合测试仪,多为数字信号综合测试仪。专用综合测试仪虽然测试面狭窄,但针对性强,测试项目可以更为细致,整机也可以做得比较紧凑、轻巧,适合携带和现场测试,同时价格也比大而全的全功能产品便宜很多,非常适合生产线和维修部门使用。目前市场上针对 TETRA、CSM、CDMA 等调制制式,都有小型的专用综合测试仪产品。

**20. 如何使用无线电综合测试仪?**

**答** (1) 综合测试仪测试前的附件准备

① 稳压电源。用户要对电台和对讲机进行规范的测量,为了得到准确稳定的功率读数,都要求使用外部稳压电源供电,这样可以排除由于电池容量不足或老化造成的大电流输出电压变化直接影响功率输出的情况。为此,需要为不同型号的手持对讲机准备对应型号的借电板,如果没有成品可以利用电池盒进行改装。

② 测试连接线,包括射频电缆和音频电缆。射频电缆应该选用衰减小、线体柔软的产品,电缆不宜过长、过细(一般要求高品质低损耗一5 或一7 的电缆或专用的测试电缆),电缆两端连接器的类型应该与综合测试仪和发射机天线端口相匹配,尽量少用转接头,减少插入损耗。音频电缆主要用于将接收机的音频信号输入到综合测试仪中,以测定在规定信噪比下接收机的

实际灵敏度。音频电缆的另一主要作用是将综合测试仪输出的标准音频信号输入发射机的话筒,以便检测发射机的调制特性。音频测试电缆如果没有现成商品,可以使用具有屏蔽结构的细电缆自制,或者利用对讲机的耳机话筒改制。

(2) 综合测试仪的配置

在使用综合测试仪前应该对仪器进行配置设定,一般在仪器说明书中有详细的说明。通常需要设定频率计的计数精度,功率计、信号源等数值的单位(W、dBm、uV、dBuV 等),信号发生器的调制方式(AM/FM 调制形式及宽度)和调制音调频率,还需要进行屏幕显示测量项目的布局配置和语言选择等。

综合测试仪在正式工作前应该有充分的预热时间,使基准器件进入稳定期,这样能减少测量的误差。同样,被测的对讲机也应该预热,一般没有特殊说明,被测试对讲机应开机 10 min 以上再测,这可以使对讲机内部的频率合成器工作趋于稳定,这样测得的发射频率误差等指标才与对讲机实际工作情况接近。若一开机就直接测量,此时仪器和被测对讲机都没有进入稳定状态,测量误差很大。

(3) 对讲机的频率、功率测试

该测试属于发射特性测试。第一步,用测试电缆将对讲机的天线输出口与综合测试仪主信号 I/O 端口连接。注意,对讲机的输出功率应该小于综合测试仪承受的最大功率。如果测试对讲机发射功率过大,可以串入衰减器。第二步,在综合测试仪上选择 TX 发射测试模式,按下对讲机的 PTT 发射键,就能在综合测试仪屏幕上看到实际的发射频率和发射功率。如果是通过衰减器连接的,那么测得的频率数值不受影响,测得的功率数据应该算上衰减器的衰减量。大部分综合测试仪的频率显示有两种模式,一种是直接显示发射频率,另一种是预设参考频率,然后显示误差数值。对于要出检测报告的用户，显然后一种直接显示误差的数值更为直观。

(4) 对讲机的调制度测试

该测试属于发射特性测试。第一步，对讲机的天线输出口通过测试电缆与综合测试仪主信号 I/O 端口连接。第二步，将标准音频参考信号输入对讲机。将音频发生器输出端通过电缆连接到对讲机"MIC in"口。参考音频可以来自单独的音频发生器，也可以利用综合测试仪的对应音频 AF 输出。第三步，在综合测试仪上选择 TX 发射测试模式，按下对讲机的 PTT 发射键，就能在综合测试仪屏幕上看到调制频偏的数值了。

(5) 对讲机的频谱测试

该测试属于发射特性测试。第一步，对讲机的天线输出口通过测试电缆与综合测试仪主信号 I/O 端口连接。第二步，在综合测试仪上选择频谱测试模式，并设置中心频率、span(扫宽) VBW、RBW。对于常规 FM 对讲机信号，SPAN(扫宽)可以设为 1 MHz 或 300 kHz，VBW/RBW 可以设为 1 kHz 或 3 kHz。第三步，按下对讲机的 PTT 发射键，就能在综合测试仪屏幕上看到频谱图，并可以适当调整参考电平，以便观察。第四步，将中心频率设置到测试频率的 2 倍频和 3 倍频处，测量这些倍频谐波的抑制情况。此外，还可以在主频发射周围使用较大的 span(扫宽)，观察是否有明显的带外辐射。限于很多综合测试的频谱功能比较弱，建议有单独频谱仪的用户将此项测试在专业频谱仪上进行。

(6) 对讲机的接收灵敏度测试

该测试属于接收特性测试。第一步，将对讲机的天线输出口通过测试电缆与综合测试仪主信号 I/O 端口连接。第二步，用电缆将对讲机的音频输出(耳机输出或外接扬声器输出)与综合测试仪的信纳比仪的音频输入端口连接，并调节对讲机输出适当的音量。第三步，在综合测试仪的信号发生器上设置测试频率。第四步，逐步减小信号发生器的输出信号幅度，同时注意信纳比仪上信噪比数值的变化，当信噪比劣化到预设水平时，信号发生器输出的电平幅度就是对讲机的接收灵敏度。

(7) 利用综合测试仪调整对讲机

校准对讲机的载频误差主要用到综合测试仪的频率计功能。在充分预热综合测试仪和对讲机后，按上文中的方法测量对讲机的发射频率，对于误差较大的对讲机，需要修正其频率。按照不同设计的对讲机，一般有三种常规方式来修正频率。老式的对讲机一般在频率合成器参考晶体边有个小可调电容，用来补偿频率误差，小心转动该电容就能使发射频率升高或降低。现代对讲机都是单片机控制的，很多对讲机的频率修正都可以通过单片机指令来完成。对于主流业余电台用的对讲机，大部分都有工程调节模式，在特殊的菜单中可进行数据调整(进入工程调节模式的方法和对应的菜单在产品的维修手册中有说明)。现代专业对讲机大多通过专用调整软件来进行，有的产品的调整功能包含在写频编程软件中，有的则是独立的调整软件。

调整对讲机发射功率主要用到综合测试仪的功率计功能。用综合测试仪监视对讲机的实时功率输出，改变对讲机的功率控制就能调整对讲机的功率。不同设计的对讲机通常有三种常规方式来改变输出功率设定。老式的对讲机一般在功放单元有功率控制电位器，只要用螺丝刀旋转电位器即可改变输出功率。现代对讲机都是单片机控制，通过单片机指令即可修改输出功率。对于主流业余电台用的对讲机，大部分在工程调节模式的特殊菜单中有各挡功率设定的参数。对于现代专业对讲机，大多通过专用电脑调整软件来调节。

调整对讲机的灵敏度主要用到综合测试仪的信号发生器功能。很多业余电台用的对讲机自身具备信号强度表功能，给灵敏度调整带来了很大方便，不再需要通过信纳比仪测量信噪比变化来判断接收改善情况。让信号发生器发出一定强度的信号，调节对讲机接收槽路中对应的电容电感（有的对讲机在工程调节模式菜单中设有通带设定数据），使对讲机指示接收到的信号最强。如果出现信号表打满的情况，则进一步减小信号发生器输出幅度，使信号表指示回落后再调整。在目标带宽内采用多频率点统调，以保证整个频段都有较好的灵敏度。

**21. 简述短波电台的维护保养？**

**答** （1）固定台的维护保养：

① 确保天线与主机连接紧密，天线连接接口在室外暴露时，应使用防水胶带进行密封，接口处不应有锈蚀现象，电台与天线应有可靠的接地。

② 当固定台发射时，不要让人接触或靠近天线，特别是眼睛、面部或者身体的其他裸露部分不能接触天线。

③ 电源要与电台分别放置，保持电源电压稳定，尤其电源直流电压绝对不能低于 10V。

④ 用无绒布来擦拭天线的接头以除去灰尘、油污或其他物质，从而保证电路良好连接；不使用时把附件接口用保护盖盖好。

⑤ 用湿布擦洗固定台外壳。不得使用清洗液、酒精、喷雾剂或石油产品等化学制品，以免损坏固定台机壳和盖板。

（2）背负台的维护保养：

① 防止震动与撞击；

② 防晒防潮；

③ 防止灰尘；

④ 天线辐射振子及馈线应避免与其他金属物体接触，在喊话呼叫前应注意天线调谐器的调整；

⑤ 在防爆场所不要使用；

⑥ 爱护手柄上的按键。

**22. 简述现场无线通信混乱的原因分析和应对措施？**

**答** 目前，各消防部队的现场无线电通信都不同程度存在通信混乱的问题，根本原因是信息通信链路的堵塞、错位、断开。解决通信混乱的问题需要分析其原因，采取相应措施。

（1）原因

① 信息链路堵塞。无线通信严重堵塞失灵，失去及时性、有效性，使得指挥员无法及时获取相关信息和可靠情报，影响了判断决策的正确性，指挥决策无法下达到执行单位，造成灭火救援指挥协调不力、现场混乱。

出现无线电通信堵塞情况，往往是因为通信系统容量小，网内通话的电台过多。在平时无事时或在小火场，通信正常。在大型的灭火救援行动时，网内电台数量迅猛增加，通话量出现瞬间高峰。消防一级网的话务高峰是大型现场多个中队同时出动到全部到场这一时间段。消防二级网的话务高峰是多个中队和支队到场初期，进行力量部署、救人、供水等阶段，这时最可能出现全网堵塞失灵。消防三级网中，现场上多个中队共用一个通信信道，也会出现通信堵塞混乱。另外，在一个单频单工的通信网中有一个电台常发，占住通信信道，也是造成全网堵塞的原因之一。

② 信息链路错位。不按预定的通信方案和通信规则通信，打乱了正常通信秩序，造成该通的通不上，不该通的占着通信信道。

例如，一个指挥员的电台，本应该在现场指挥网（无线电二

级网)中与其他指挥员保持通信联络。但实际通信中经常出现一个指挥员的电台通信信道从二级网改到了一级网信道上,与消防指挥中心联络,或改到三级网上插入到中队通信网,指挥水枪手、消防车辆。这时本指挥岗位电台失踪,联络不通造成通信混乱。

在一些现场,有时还出现二级网电台全部改到了一级网信道上通信,增加了一级网信道负担,造成一级网通信混乱。

③ 信息链路断开。上面讲到的随意变换通信信道的后果,是使正常的信息链路断开。再有,无线通信的体制是以三级组网为基础的,管区覆盖、现场指挥、灭火救援战斗三个层次的通信网络之间要有良好的信息连通,否则信息不能上传下达,出现通信混乱。还有,电台故障、通信干扰、通信现场有无线电通信的盲区等原因都可能使通信链路断开。

(2) 应对措施

**答** 出现无线通信严重堵塞失灵情况,应及时调整通信网络,增加通信信道,将原来在一个信道通信的电台分散到多个信道,使通信有序进行。

实际上,一个大型灾害事故现场,调集的单位多,人员多,指挥层次多,在灭火救援现场进行通信网络的改频调整非常困难。能在现场采取的比较有效的措施如下。

① 尽量减少网内次要电台的呼叫,保证重要电台的通信。

② 利用应急备份的电台、备份信道以及应急通信系统,在指挥层或重要通信方向等主要通信环节,另建临时应急无线电通信网。

③ 保持无线通信网的通信秩序,各个通信岗位不宜随意变换通信信道,改出本网和插入其他网络通信。如果需要加入其他网络通信,可以配备其他网络信道的电台,这样比一个电台多

次变换通信信道更方便有效。

④ 指定专人负责城市消防管区覆盖网、现场指挥网、灭火救援战斗网三个层次的连接问题。

⑤ 在制定各种灭火救援预案、安保勤务方案时，应同时考虑通信问题，制定相应的通信保障方案和应急通信方案。

⑥ 加强通信网络的管理控制，对违反通信规则、规定的及时纠察处理，保证全网正常运行。

**23. 简述现场无线通信效果差的原因分析和应对措施？**

**答** 在现场无线通信中，经常遇到通信的话音质量差、杂音大、断断续续等情况，主要原因如下。

(1) 通信地点无线电信号弱

由于通信网覆盖区域不够，边远地区无线电信号弱，话音质量差、杂音大。目前消防部队主要使用350 MHz、400 MHz、800 MHz频率通信，这些频率都属于超短波频段，其传播的特点是沿地面绕射传播的能力很差，主要靠视距传播，因为地球表面弯曲的阻挡作用，地面视距传播的通信距离一般只有几千米。提高天线的高度可以增大通信距离，利用高架无线转信台，可以使通信半径达到20～30 km。提高天线的高度将增加天线架设难度，并容易受到其他信号干扰，不可能无限制升高天线。扩大通信网覆盖区域主要采用多设通信转信台(基站)的办法。城市中高楼林立、高低不等、疏密不同、形状各异，街道宽窄、走向也各不相同，因此电波的传播路径非常复杂，移动电台在其中收到的信号一般是直射波和随时空变化的绕射波、反射波、散射波的叠加，短期(快)衰落非常严重。因此，在通信覆盖边缘区，无线电信号弱，通信效果不好时，移动一下通信位置，可能会有改善。移动台处于快速运动中，因驻波和多普勒效应导致了接收点信号场强振幅、相位随着时间、地点而不断变化，其信号场强瞬时值的变化范围可达 20～30 dB。在通信覆盖边缘区，无线电信号较弱的地方快速移动通信时，可能出现信号断断续续。这时停车通信，可能会有改善。

(2) 电台使用不当

城市消防无线电通信网一般采用大区覆盖制，中心基站或转信基站采用大功率发射机、高架天线；移动台采用车载电台和手持电台。在通信覆盖区边缘，手持电台因为发射功率小、天线低，发射的无线电信号传输距离近，对方接收的效果很差。这时应使用车载电台通信或选择地势较高的地点通信。另外，使用电台应注意话筒与嘴的距离；电台发射按键必须按紧、压实；戴呼吸器或防毒面具发话时，声音要大些，话筒尽量靠近呼气阀门近些。

(3) 无线通信系统装备技术性能差

无线通信系统、无线电台等通信装备技术性能差，老化损坏，在现场指挥通信中发挥不出应有作用，是现场无线通信效果差的重要原因之一。要加强通信技术系统的维护管理，提升无线通信装备完好率。

**24. 简述突发无线通信中断的处置方法。**

**答** 突发的通信中断一般有设备出现故障、断电、无线通信的地点有电波传不到的通信盲区、值机人员脱岗、关机、未守听等多种原因。

遇到联系不上的情况时，应立即使用有线电话、移动电话或请就近的其他通信岗位转告等通信方式报告指挥部，采取应急通信措施恢复联络，查明通信中断原因，恢复正常通信。平时，应根据通信装备的技术状况、数量种类等实际情况，事先准备应急和备份措施。重大的通信任务要设专人负责通信技术保障，做好设备预检维护工作，及时发现问题，迅速组织力量处理解决。

**25. 卫星常用工作频段有哪些？**

**答** 上行(地对星)频率高，下行(星对地)频率低。

(1) 固定卫星业务的常用工作频段

C 频段，上行 5 850～6 425 MHz，下行 3 725～4 200 MHz；C 扩展频段，上行 6 425～6 725 MHz，下行 3 400～3 700 MHz；

Ku 频段，上行 14.0～14.5 GHz，下行 12.25～12.75 GHz (用于中国所在的 ITU 3 区)。

(2) 广播卫星业务的常用工作频段

Ku 频段，上行 14.5～14.8 GHz (用于中国所在的 ITU 3 区的部分国家)，下行 11.7～12.2 GHz(用于中国所在的 ITU 3 区)；

Ka 频段，上行 17.3～17.8 GHz (用于中国所在的 ITU 3 区)。

**26. 消防卫星天线电气性能应符合什么要求？**

**答** 工作频率：发射为 14.0～14.5 GHz；接收为 12.25～12.75 GHz；

交叉极化隔离度≥30 dB；

收发隔离≥80 dB；

极化方式：线极化，自动调整。

**27. 消防卫星入网的站点操作要求是什么？**

**答** (1) 开机。卫星设备依次加电(功放不要加电)、天线对星完成，当 DVB 接收机“LOCK”绿色指示灯常亮；调制解调器“TX”灯 4～5 s 跳闪 1 次；此时功放加电，功放工作正常。

(2) 建链。与网管中心联系，当网管中心 VMS (VIPERSAT 卫星网管系统)显示地球站已上线时，由网管中心操作人员分配卫星频率资源，建立卫星电路。

(3) 试通。确认调制解调器的 UNIT STATUS、TX TRAFFIC、RX TRAFFIC、ON LINE 灯为绿色，操作音视频设备接收公安部消防局或总队分中心站音视频信号，如一切正常即可进行正常通信。

(4) 拆链。通信任务结束后,地球站操作人员应及时关闭载波,并通知网管中心拆除通信链路。

**28. 卫星天线维护有哪些常见的方法?**

**答** 固定天线应牢固接地,接地电阻应小于 4 欧姆。在雷雨季节到来之前必须检查避雷接地系统是否良好。定期检查防水系统,防止雨水进入电路系统,造成短路。天线馈源口面薄膜不得破损。馈源内不得有水气、水珠、蜘蛛或异物。在冬季.如果馈源和反射面上有冰凌、积雪要及时清除。高频头与馈线的连接处定期检查防水胶布封好接口。注意防虫,定期检查馈源管口遮盖有没有掉落,否则很容易住进马蜂、蜘蛛等昆虫。

(1) 固定天线

ADU 内有 380 V 高压,一般用户不具备维修能力。当设备不能正常工作时,首先检查外部接线、电源和电机等,确认设备有故障时,应联系专业人员维修。故障判断见表 1-1。

**表 1-1 ACU 故障判断**

| 故障现象 | | 检查部位 |
|---|---|---|
| ACU 不工作 | 显示屏无显示 | 保险丝、电源 |
| 角度显示不正常 | 角度不随天线转动变化、角度乱跳 | 角度传感器插头、连接电缆 |
| | 变化了一个角度 | 重新标定角度 |
| 不能控制天线 | ADU 可以驱动天线 | ACU—ADU 间连线、开关 |
| 跟踪不正常 | 接收机电平正常,但不跟踪 | 检查跟踪参数设置 |
| | 跟踪不到最大信号 | 跟在副瓣上、步距不合适 |

(2) 动中通天线

① 天线及转台的维护

定期观察天线转动是否正常,包括转盘轴承,大小齿轮间的相互转动,每三个月涂 7012 极低温润滑脂一次。观察波导、电缆接线是否固定良好,接头是否松动,如发现异常,应立即检修。

② 伺服控制子系统的维护

接通直流电源开关,检查直流电源+24 V,电压变化范围应小于标准值的±5%,纹波电压应小于 10 mV。

③ 系统的维护与保养

预防性维护是使天线跟踪系统保持良好工作状态、预先发现故障隐患,延长使用寿命的必要措施。经常保持天线转台的清洁,密封盖板要盖好,防止灰尘和杂物落入机箱内。接线板端子的连接线,电缆的插头是否连接可靠,发现松动应及时紧固。

④ 常见故障分析及排除方法

a. GPS 未锁定

观察周围建筑物是否有遮挡,GPS 锁定需要多颗卫星信号,可将车体置于开阔地带,或进入 ACU 系统设置—高级界面,选择 GPS 记忆功能(必须满足上次 GPS 锁定时,所在地方的 30 km 内),按确认键确认,关机重启。

b. 首次寻星失败

根据惯导返回的姿态和航向数据以及接收机返回的卫星信标信号,伺服控制单元控制天线转动搜索接收机返回的所选卫星的信标信号。如果寻星失败,可通过 ACU 面板显示查看搜索过程有无 AGC 电平信号。如果全程均没有卫星信标出现,则首先检查电缆连接是否完好,其次检查惯导返回的姿态数据是否正确。如果惯导数据正常,则可能是接收机损坏,无 AGC 电平输出。

(3) 静中通天线

① 机械传动系统

卫星通信车在不使用时停放在专用车库内。避免传动系统生锈或尘土进入使天线无法正常工作,每三个月运行天线一次,并根据气候、湿度等工作环境,每六个月或者一年清洁除尘天线面、喇叭膜表面,检查并根据情况更换馈源支架上的橡胶垫。增加俯仰以及俯仰气弹簧两部分润滑脂。

② 气弹簧部分

给天线控制器加电,展开天线后观察天线俯仰的气弹簧以及活动轴是否有生锈现象、灰尘等杂物,清除灰尘等杂物并且涂抹适当硅油润滑脂(HP100),然后收藏天线再展开,反复两到三次后观察油膜是否均匀覆盖,无收藏和展开噪音。

橡胶垫根据实际情况进行更换,根据使用时间和气候条件,可三年更换一次。

③ 俯仰部分

通过俯仰传动系统加油孔用油枪将 2 号通用锂基润滑脂注入涡轮。

④ 伺服系统

车顶的电缆接头应六个月检查一次电绝缘胶带和自黏防水胶带,车顶电缆应有走线管保护。虽然伺服控制系统经过了严格防震性能的测试,但仍应半年检查一次连接电缆线和机箱的固定螺丝是否有松动,地线连接是否紧固。

⑤ 常见问题及解决方法

a. 按下开机开关后无反应,检查设备是否供电。检查机箱电源保险丝。

b. 扫描搜索过程中始终没有 AGC 信号,拧下与 LNB 连接的 F 头,检查直流 18 V 电是否供给 LNB,如果是外本振 LNB,

应确认是否外供了 10 MHz 信号。

c. 键盘失效，无法操作，检查控制器后边键盘插头是否松动脱落。

**29. 卫星站遇到什么状况，需要通知卫星网管调整发射功率？**

**答** 卫星站遇到以下状况，需要通知卫星网管调整发射功率：

① 阴雨下雪的天气情况下使用卫星站；

② 卫星站使用地域的转变，从所属市区移动到别的地区使用。

**30. CMR5975 Lock 指示灯未常亮是什么原因？**

**答** 未常亮的原因是：① 天线对星不成功，可能对偏了；也可能是天线增益小，接收信号弱；② 物理连接故障。

**31. CMR5975 Lock 指示灯常亮，570L Tx 发射指示灯未闪亮的原因是什么？**

**答** 未闪亮的原因是：① 接收到 DVB 信号弱，CMR5975 锁定未过门限(3.6 dB)收不到网管信令；② CMR5975、570L 网线连接故障。

**32. 卫星设备日常维护方法有哪些？**

**答** (1) 日常检查

卫星设备应固定牢固，定期检查连接线是否牢固，防止人为造成线缆或设备的损坏。注意防尘、防水、防震动。

(2) 常见故障排除

通信中发生故障如图像语音的中断，应该立即检查系统和设备，找出发生中断的原因。天线控制器常见故障排除见表1-2。

① 检查音视频等终端设备，查看设备是否工作正常；

② 检查卫星功放开关，看是否正常工作；

③ 检查卫星通信设备，查看 CDM570L 和 CMR5975 是否处于正常工作状态；

④ 检查天线系统，查看天线是否依旧对准卫星以及查看信号强度是否适合通信；

⑤ 询问网管链路状况，查看卫星链路是否正常；

⑥ 检查机柜中设备和天线设备，查看中频电缆，音视频线，网线等是否连接正常，天线是否工作正常。

**表 1－2　天线控制器常见故障排除**

| 故障现象 | 可能原因 | 处理方法 |
|---|---|---|
| 上电后显示屏无反应 | 电源控制箱空气开关未打开 | 打开电源控制箱空气开关 |
| | 电源控制箱保险损坏 | 找出保险损坏原因，更换保险 |
| | 急停按钮未打开 | 打开急停按钮 |
| | 平台电源线损坏 | 按电气互联图检查平台电源线 |
| 系统自检无法通过 | 自检过程中转动平台 | 平台在静止状态下，上电操作 |
| | 平台晃动厉害 | 按电气互联图检查线路 |
| | 平台连接线接触不好 | |
| 无法锁定卫星 | 检查卫星经度设置的卫星经度 | 建议选择自动设置模式进行设置 |
| | 天线被障碍物遮挡 | 选择空旷处重新进行开机操作 |
| | 磁罗盘附近有强磁场干扰（例如磁铁，喇叭） | 清除磁罗盘附近磁性物质后重新进行开机操作 |
| | 馈源线路接触不好 | 检查馈源相关线路 |
| | 开机未结束时就改变载体方向 | 在静止状态下重新进行开机操作 |
| 跟踪状态下丢失信号 | 电缆接触不好造成通信异常 | 检查电气各个模块之间连接电缆接触完好 |
| 报警 | 详细参考故障报警一览表 | 与厂家联系后确认处理办法 |

**33. VLAN 的常见配置命令有哪些，并作详细说明？**

**答** (1) vlanL

命令：vlanLAN

功能：创建 vlan 并且进入 vlan 配置模式，在 vlan 模式中，用户可以配置 vlan 名称和为该 vlan 分配交换机端口；本命令的 no 操作为删除指定的 vlan。

参数：[vlan-id]为要创建/删除的 vlan 的 vid，取值范围为 1～4 094。

命令模式：全局配置模式。

缺省情况：交换机缺省只有 vlan1。

使用指南：vlan1 为交换机的缺省 vlan，用户不能配置和删除 vlan1。允许配置 vlan 的总共数量为 255 个。另需要提醒的是不能使用本命令删除通过 gvrp 学习到的动态 vlan。

举例：创建 vlan100，并且进入 vlan100 的配置模式。

switch(config)＃vlan 100

switch(config-vlan100)＃

(2) name

命令：name [vlan-name]

no name

功能：为 vlan 指定名称，vlan 的名称是对该 vlan 一个描述性字符串；本命令的 no 操作为删除 vlan 的名称。

参数：[vlan-name]为指定的 vlan 名称字符串。

命令模式：vlan 配置模式。

缺省情况：vlan 缺省 vlan 名称为 vlanxxx，其中 xxx 为 vid。

使用指南：交换机提供为不同的 vlan 指定名称的功能，有助于用户记忆 vlan，方便管理。

举例：为 vlan100 指定名称为 testvlan。

switch(config-vlan100)#name testvlan

(3) switchport access vlan

命令:switchport access vlan [vlan-id]

no switchport access vlan

功能:将当前 access 端口加入到指定 vlan;本命令 no 操作为将当前端口从 vlan 里删除。

参数:[vlan-id]为当前端口要加入的 vlan vid,取值范围为1～4 094。

命令模式:接口配置模式。

缺省情况:所有端口默认属于 vlan1。

使用指南:只有属于 access mode 的端口才能加入到指定的 vlan 中,并且 access 端口同时只能加入到一个 vlan 里去。

举例:设置某 access 端口加入 vlan100。

switch(config)#interface ethernet 0/0/8

switch(config-ethernet0/0/8)#switchport mode access

switch(config-ethernet0/0/8)#switchport access vlan 100

switch(config-ethernet0/0/8)#exit

(4) switchport interface

命令:switchport interface [interface-list]

no switchport interface [interface-list]

功能:给 vlan 分配以太网端口的命令;本命令的 no 操作为删除指定 vlan 内的一个或一组端口。

参数:[interface-list] 要添加或者删除的端口的列表,支持“;”“—”,如:ethernet 0/0/1;2;5 或 ethernet 0/0/1～6;8。

命令模式:vlan 配置模式。

缺省情况:新建立的 vlan 缺省不包含任何端口。

使用指南:access 端口为普通端口,可以加入 vlan,但同时只允许加入一个 vlan。

举例：为 vlan100 分配百兆以太网端口 1,3,4～7,8。

switch(config-vlan100)# switchport interface ethernet 0/0/1;3;4～7;8

(5) switchport mode

命令：switchport mode {trunk|access}

功能：设置交换机的端口为 access 模式或者 trunk 模式。

参数：trunk 表示端口允许通过多个 vlan 的流量；access 为端口只能属于一个 vlan。

命令模式：接口配置模式。

缺省情况：端口缺省为 access 模式。

使用指南：工作在 trunk mode 下的端口称为 trunk 端口，trunk 端口可以通过多个 vlan 的流量，通过 trunk 端口之间的互联，可以实现不同交换机上的相同 vlan 的互通；工作在 access mode 下的端口称为 access 端口，access 端口可以分配给一个 vlan，并且同时只能分配给一个 vlan。

注意在 trunk 端口不允许 802.1x 认证。

举例：将端口 5 设置为 trunk 模式，端口 8 设置为 access 模式。

switch(config)# interface ethernet 0/0/5

switch(config-ethernet0/0/5)# switchport mode trunk

switch(config-ethernet0/0/5)# exit

switch(config)# interface ethernet 0/0/8

switch(config-ethernet0/0/8)# switchport mode access

switch(config-ethernet0/0/8)# exit

(6) switchport trunk allowed vlan

命令：switchport trunk allowed vlan {[vlan-list]|all}

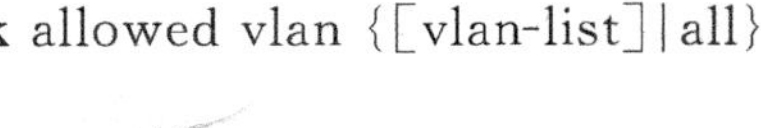

No switchport trunk allowed vlan

功能：设置 trunk 端口允许通过 vlan；本命令的 no 操作为恢复缺省情况。

参数：[vlan-list]为允许在该 trunk 端口上通过的 vlan 列表；all 关键字表示允许该 trunk 端口通过所有 vlan 的流量。

命令模式：接口配置模式。

缺省情况：trunk 端口缺省允许通过所有 vlan。

使用指南：用户可以通过本命令设置哪些 vlan 的流量通过 trunk 端口，没有包含的 vlan 流量则被禁止。

举例：设置 trunk 端口允许通过 vlan1，3，5～20 的流量。

switch(config)＃interface ethernet 0/0/5

switch(config-ethernet0/0/5)＃switchport mode trunk

switch(config-ethernet0/0/5)＃switchport trunk allowed vlan 1;3;5～20

switch(config-ethernet0/0/5)＃exit

(7) switchport trunk native vlan

命令：switchport trunk native vlan [vlan-id]

No switchport trunk native vlan

功能：设置 trunk 端口的 pvid；本命令的 no 操作为恢复缺省值。

参数：[vlan-id]为 trunk 端口的 pvid。

命令模式：接口配置模式。

缺省情况：trunk 端口默认的 pvid 为 1。

使用指南：在 802.1q 中定义了 pvid 这个概念。trunk 端口的 pvid 的作用是当一个 untagged 的帧进入 trunk 端口，端口会对这个 untagged 帧打上带有本命令设置的 native pvid 的 tag 标记，用于 vlan 的转发。

举例:设置某 trunk 端口的 native vlan 为 100。

switch(config)# interface ethernet 0/0/5

switch(config-ethernet0/0/5)# switchport mode trunk

switch(config-ethernet0/0/5)# switchport trunk native vlan 100

switch(config-ethernet0/0/5)# exit

(8) vlan ingress enable

命令:vlan ingress enable

No vlan ingress enable

功能:打开端口的 vlan 入口规则;本命令的 no 操作为关闭入口准则。

命令模式:接口配置模式。

缺省情况:系统缺省关闭端口的 vlan 入口准则。

使用指南:当打开端口的 vlan 入口规则,系统在接收数据时会检查源端口是否是该 vlan 的成员端口,如果是则接收数据并转发到目的端口,否则丢弃该数据。

举例:打开端口的 vlan 入口规则。

switch(config-ethernet0/0/1)# vlan ingress enable

(9) private-vlan

命令:private-vlan {primary|isolated|community}

No private-vlan

功能:将当前 vlan 设置为 private vlan,该命令的 no 操作为取消 private vlan 设置。

参数:[primary] 将当前 vlan 设置为 primary vlan,[isolated]将当前 vlan 设置为 isolated vlan,[community]将当前 vlan 设置为 community vlan。

命令模式:vlan 配置模式。

缺省情况:缺省没有 private vlan 配置。

使用指南:private vlan 分为三种:

① primary vlan,其中包含 primiscuous 端口,primiscuous 端口可以和绑定到该端口的 isolated vlan 和 community vlan 中的端口进行通信;

② isolated vlan,其中包含 isolated 端口,isolated 端口只可以和绑定的 primiscuous 端口通信,vlan 内的 isolated 端口互相之间是隔绝的;

③ community vlan,其中包含 community 端口,vlan 内的 community 端口相互之间可以通信,也可以和绑定的 primiscuous 端口通信;只有不包含任何以太网端口的 vlan 才能被设置为 private vlan;gvrp 不传播 private vlan 的信息;只有设置了绑定操作的 private vlan 才能分配 access 类型的以太网端口;普通 vlan 被设置成 private vlan 后,会自动将所属以太网端口清空。

举例:将 vlan100 设置为 private vlan,类型为 primary。

switch(config-vlan100)# private-vlan primary

(10) private-vlan association

命令:private-vlan association [secondary-vlan-list]

no private-vlan association

功能:设置 private vlan 的绑定操作,该命令的 no 操作为取消 private vlan 绑定。

参数:[secondary-vlan-list] 指定绑定的 secondary vlan 列表,secondary vlan 包括 isolated vlan 和 community vlan 两种。

命令模式:vlan 配置模式。

缺省情况:缺省没有 private vlan 绑定。

使用指南:只有 primary 类型的 vlan 才能设置 private vlan

绑定操作;被绑定到 primary vlan 上的 secondary vlans 内的各个端口可以和被绑定的 primary vlan 内的各个端口进行通信;在设置 private 绑定前,三种类型的 private vlan 都不能被分配以太网端口;存在 private vlan 绑定关系的 primary vlan 不能被删除;被解除绑定关系的 private vlans 会自动将所属以太网端口清空。

举例:将 vlan50 绑定到 vlan100 上。

switch(config-vlan100)# private-vlan association 50

**34. 基站短波电台常用什么天线,定义是什么?**

**答** 基站短波电台常用三线式天线和鞭状天线。三线式天线是一种性能优良的全频段短波基站天线,在近中远各种距离都能保持很好的通信效果,三线式天线完全不同于宽带双极天线。鞭状天线是一种可以弯曲的垂直杆状天线,其长度一般为 1/4 或 1/2 波长。

**35. 澳大利亚宝丽背负式短波电台常用什么天线,分别在什么情况下使用?**

**答** 宝利背负式短波电台常用 3 m 鞭天线、10 m 斜拉天线、AB330S－18 便携宽带双极天线。3 m 折叠鞭天线主要用于 10 km 内徒步通信。10 m 斜天线用于临时驻留通信,可用伸缩架杆或其他支撑物架设。AB330S－18 便携宽带双极天线专为背负台和车载台设计,配备 18 m 轻型钢铜复合振子,频段3.5～30 MHz,射频电缆插到坞箱面板的 Q9 插座上。

**36. 车载短波电台常用什么天线?**

**答** 车载短波电台常用鞭状自调谐天线、半环天线。

**37. 卫星通信与传统通信方式对比有哪些特点?**

**答** 卫星通信的优势包括:① 通信距离远,且费用与通信距离无关;② 通信范围大,只要卫星发射的波束覆盖进行的范围均可进行通信，可进行多址通信；③ 通信频带宽，传输容量大；④ 机动灵活，可用于车载、船载、机载等移动通信；⑤ 通信链路稳定可靠，传输质量高；⑥ 不易受陆地灾害影响；⑦ 建设速度快；⑧ 电路和话务量可灵活调整；⑨ 同一信道可用于不同方向和不同区域。

卫星通信的局限性包括：① 通信卫星使用寿命短；② 存在日凌中断和星蚀现象；③ 电波的传输时延较大且存在回波干扰，天线受太阳噪声的影响；④ 卫星通信系统技术复杂；⑤ 静止卫星通信在地球高纬度地区通信效果不好，并且两极地区为通信盲区。⑥ 由于两地球站向电磁波传播距离有 72 000 km，信号到达有延迟。⑦ 10 GHz 以上频带受降雨雪的影响。

**38. 消防卫星网的传输速率应符合什么条件？**

**答** 每路数据传输速率不小于 64 kbps；

每路话音传输速率不小于 8 kbps(不包含开销)；

每路图像传输速率不小于 512 kbps；

每路综合业务数据至少包含 4 路话音、1 路图像和 1 路数据。

**39. 卫星站的入网流程是什么？**

**答** (1) 新建卫星站极化隔离度测试；

(2) 申请卫星站入网；

(3) 配置参数完成入网，并进行功率标定；

(4) 视频会议终端申请登录账号；

(5) VoIP 语音网关申请号码；

(6) 申请分配卫星带宽测试：包括读取卫星站的 EbN0 值；登录视频会议终端，测试音视频效果；拨打 VoIP 电话测试语音通话效果；如果配备单兵，应当测试单兵效果等。

**40. 优化短波通信的要素有哪些？**

**答** ① 正确选择和架设天线地线；② 正确选用工作频率；

③ 选用先进和优质的电台等设备。

**41. 短波通信为什么要变换频率？**

**答** 与超短波通信不同的是，短波通信需要变换频率，主要原因是：电离层各层的存在和消失，以及高度和密度不断变化，使天波传播路径随之处于变化之中，移动台的位置变化及周边地理条件等也可能不定，因此天线类型和架设方式确定后，只能通过变换频率改变辐射方向图（仰角和方位角），以求在目标地域获得尽可能好的通信效果。

由于短波通信需要变换频率，因此在建设短波通信网时，最好向无线电管理机关多申请几个频率（日频和夜频各一至两个），只用一个频率很难保证全天通信质量。

**42. 短波频率与时间的关系是什么？**

**答** 我们可以把一天分为四个时段。以我国东部地区夏天为例，习惯上以 8:00—17:00 为白天通信，17:00—21:00 为傍晚通信，21:00—第二天 5:00 为夜间通信，5:00—8:00 为早晨通信。

白天 F2 电离层较高较厚较密，通信频率相应较高，而且下午比上午高。夜晚 F2 电离层较低较薄较稀，通信频率较低，一般比日频低 40%左右，例如白天用 9 MHz，夜间可以用 5 MHz 左右。

傍晚和早晨通信是处于电离层由昼向夜或由夜向昼的趋势性变化中，反映到频率上就是从日频向夜频过渡或从夜频向日频过渡。在一天中，以早晨通信最为困难。

**43. 短波频率与通信距离的关系是什么？**

**答** 天波在电离层和地面之间可以反射一次到多次（一跳或多跳），多次反射肯定距离更远，跳距也因天线辐射仰角和电离层高度有所不同。为了减少衰耗，跳数肯定越少越好，因此远距离通信的频率必须高一些（频率越高仰角越低）。例如白天北京对南京，可选 10～14 MHz 频段，对昆明可选 12～20 MHz 频段，等等。单跳用于近距离通信，500～1 000 km，白天可选 7～10 MHz。500 km 以内，白天可选 5～9 MHz，有时可以用较低的 D 层电离层，频率 3～6 MHz。

**44. 电源质量影响短波通信效果吗？**

**答** 电源质量影响短波的通信效果。稳压电源，很多人认为只要输出电压和电流符合要求就行，这种认识不全面。其实有些噪声源于电源的负载特性不好，有些话音失真也是电源动态特性不好使信号发生畸变所致。数据传输对电源的要求更高，电源不好，将直接导致数传不正常。

功率余量和可靠性也是考核短波稳压电源优劣的要点。有些电源为了降低成本，功率容量设计在临界状态，并简化电路，减少元件，选用廉价元件等。这类电源虽然价格低，但性能和可靠性肯定不行，专业通信最好不用这种低档电源。

一定要使用功率容量大、瞬态响应快、电磁屏蔽性好、输出干净、设计可靠性高的短波专用优质电源。

**45. 地形地物对短波通信的影响及应对措施是什么？**

**答** 短波通信技术规范明确要求，天线必须远离丛林、高大树木、陡峭山崖等，这些环境对无线电信号的吸收衰减非常严重。但有时上述环境无法回避，可参考下列经验改善通信效果：

(1) 丛林通信

设台地点，尽量选择林间空地、林间道路等，树冠稀疏之处。

更重要的是天线。在丛林中最好使用天波类天线，10 m 斜天线比鞭天线好。通信效果最好的是 AB330S 便携宽带天线和 π 型双极天线等。设台地点尽量选择林间空地、道路等树冠稀疏处，同时尽量远离树木，并高架(离地面 7 m 以上)。

频率越高，树木的吸收越强，建议工作频率低一些。

（2）山区通信

短波的传播途径主要是天波，丘陵不影响短波的正常通信。

但在高山峡谷中，峭壁大量吸收电磁波，造成短波信号明显吸收衰减，因此遇到峡谷地形应尽量寻找开阔地架设天线，采用高架方式，尽量选择潮湿地面架设，可以提高辐射效率。

无法避开峭壁时，可加大发射功率（利用电台主机的 125 W 功率），并适当降低工作频率。

车载台如有可能，尽量离山体远一些。

（3）其他地况

背负台尽量避开水泥地面（机场跑道，高速公路等），这些地面信号严重衰耗，通信效果差。

**46. 短波通信过程中噪声的来源是什么？**

**答** 短波通信噪声来源主要由大气噪声、宇宙噪声、台站自身噪声、本地环境噪声等组成。

大气噪声又称为天电干扰，主要是由于雷电以及沙暴过程中大气层放电引起的。

宇宙噪声是指宇宙空间的射电源所辐射的电磁波传到地面形成的噪声，射电源可能是天体或星际物质，如太阳黑子、月亮、行星等，频谱很宽。

台站自身噪声包括电台本身的白噪声以及电源引起的噪声等。

本地环境噪声源包括：台站周边电磁环境太乱，建筑物内电气设备产生的干扰，接地不良导致的噪声，车载电台的车内环境噪声摩擦噪声等。

这些噪声源中，大气噪声、宇宙噪声是无法避免的，其他噪声可通过改变设台地点，改良设备，完善安装架设条件等方法加以降低。

**47. 消防信息网总体拓扑结构如何?**

**答** 网络总体拓扑结构如下:

(1) 模式1

就近接入当地公安机关的公安信息网,消防信息网络拓扑结构(模式1)如图1-1所示。

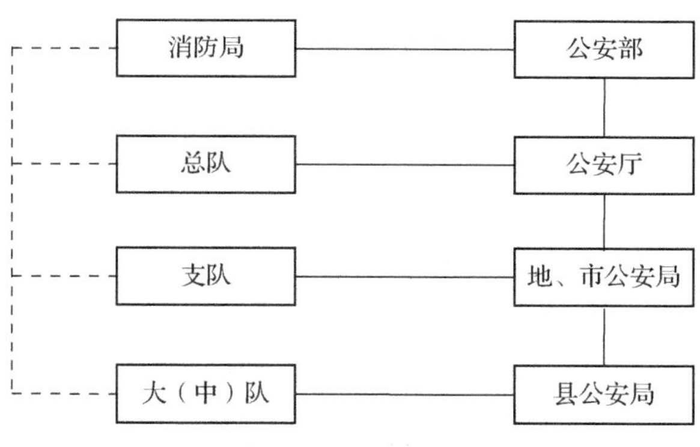


**图1-1 消防信息网拓扑结构(模式1)**

(2) 模式2

总队统一接入当地公安机关的公安信息网,消防信息网络拓扑结构(模式2)如图1-2所示。

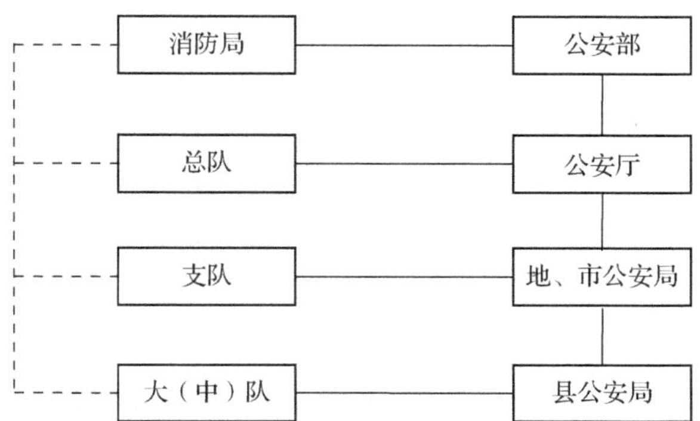


**图1-2 消防信息网拓扑结构(模式2)**

（3）模式3

支队统一接入当地公安机关的公安信息网，消防信息网络拓扑结构（模式3）如图1－3所示。

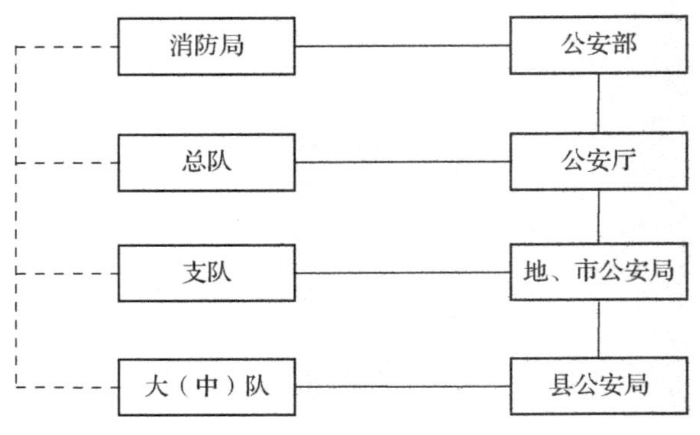


**图1－3　消防信息网拓扑结构（模式3）**

**48. 消防信息网和指挥调度网相互关系？**

**答**　消防信息网与指挥调度网间按照安全策略进行逻辑隔离，同一局域网内具有特定业务功能的设备可跨网配置，两个网络中的特定设备间按照设定的安全策略实现跨网访问，其他设备只能配置在其中一个网络，不能跨网访问。需要跨网访问消防信息网和指挥调度网的设备，通过三层交换机采用基于端口方式划分 VLAN 实现。

如可根据端口划分将指挥调度局域网设为 VLAN1，消防信息局域网设为 VLAN2。将需要跨网访问的设备，其接入的交换机端口划入两个 VLAN，但访问设备只能配置其中一个网络指向的网关。

消防信息网与指挥调度网也可以在同一台设备上，通过配置双网卡的形式实现互通，即在同一台设备上，分别配置公安网网卡和指挥网网卡，实现两个网络同时访问该设备上的数据。

**49. 跨公安网和互联网的数据共享图如图 1－4 所示，请回答互联网与消防信息网、指挥调度网之间隔离方式？数据交换的主要方式？**

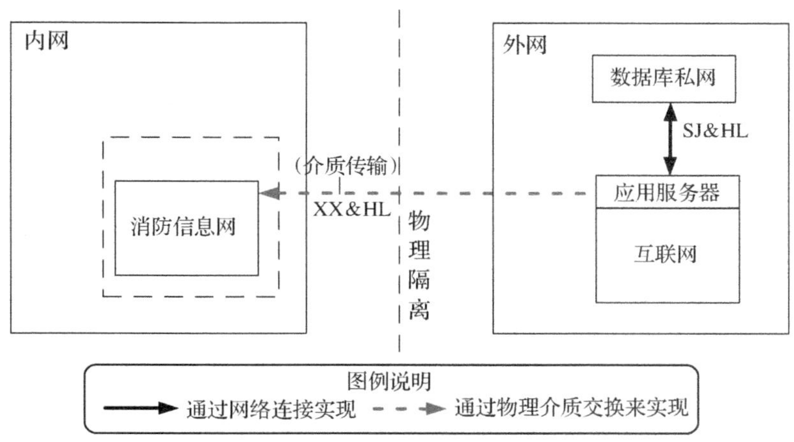


**图 1－4　跨公安网和互联网的数据共享图**

**答**　互联网与消防信息网、指挥调度网之间进行物理隔离，网络间数据交换主要采用光盘介质进行。

**50. 3G 移动应用终端如何接入指挥调度网？**

**答**　3G 移动应用终端通过移动接入平台接入指挥调度网，增配隔离网闸，逻辑访问指向指挥调度网，并设置独立的安全策略。

**51. 路由器、交换机的功能是什么？**

**答**　路由器(router)是为信息流或数据分组选择路由，连接各局域网、广域网的设备，它会根据信道的情况自动选择和设定路由，以最佳路径，按前后顺序发送信号的设备。

路由器是用于连接多个逻辑上分开的网络，所谓逻辑网络是代表一个单独的网络或者一个子网。当数据从一个子网传输到另一个子网时，可通过路由器的路由功能来完成。因此，路由器具有判断网络地址和选择IP路径的功能，它能在多网络互联环境中，建立灵活的连接，可用完全不同的数据分组和介质访问方法连接各种子网，路由器只接受源站或其他路由器的信息，属网络层的一种互联设备。它不关心各子网使用的硬件设备，但要求运行与网络层协议相一致的软件。

交换机是一种用于电信号转发的网络设备，是网络节点上数据承载装置、交换、控制和信令设备以及其他功能单元的集合体。交换机能把用户线路、电信电路和(或)其他要互连的功能单元根据单个用户的请求连接起来，可以为接入交换机的任意两个网络节点提供独享的电信号通路。最常见的交换机是以太网交换机。

**52. 路由器常见故障及排除方法是什么？**

**答** 路由器故障通常可以分为硬件故障和软件故障。

硬件故障通常是硬件设备引起，比如电源故障、接口损坏、板卡损坏等。

(1) 电源故障。当打开路由器的电源开关时，路由器前面板的电源灯不亮，风扇也不转动。在这种情况下，首先需要检查的就是电源系统，查看供电插座有没有电流，电压是否正常。若供电正常，那就要检查电源线是否有所损坏或松动等，然后再做相应的修正。

(2) 接口卡故障。此类故障问题常表现为两种情况。一种情况是，把有问题部件插到路由器上的时候，系统的其他部分都可以正常工作，但却不能正确识别所插上去的部件，这种情况多数是因为所插的部件本身有问题。另外的一种情况是，所插部件可以被正确识别，但在正确配置完之后，接口就不能正常工作了，此种情况就往往是因为存在其他的物理故障。此类路由器硬件故障问题的解决方法是，首先要确认到底是以上的哪一种情况，确认的方法是用相同型号的部件替换怀疑有问题的部件，就可以确认问题的所在了。

当反复检查路由器硬件都没有问题，路由器工作还不正常，这时通常就是路由器配置方面有问题，通常称为软件故障。配置问题首先需要考虑的是网络规划问题，比如是否有重复使用的网段，网络掩码是否正确等。其次需要考虑的是配置问题，这是路由软故障常见的问题，比如两端路由器的参数不匹配或参数错误，路由表配置错误。

**53. 软件防火墙、硬件防火墙以及芯片级防火墙分别是什么含义？**

**答** (1) 软件防火墙

软件防火墙运行于特定的计算机上，它需要客户预先安装好的计算机操作系统的支持，一般来说这台计算机就是整个网络的网关。软件防火墙就像其他软件产品一样需要先在计算机上安装并做好配置才可以使用。使用这类防火墙，需要网管对所工作的操作系统平台比较熟悉。软件防火墙通常是被称之为"个人防火墙"，因为它主要面向个人用户。如天网防火墙、江民防火墙、金山毒霸防火墙、瑞星防火墙、东软软件防火墙等。

(2) 硬件防火墙

这里说的硬件防火墙是指"所谓的硬件防火墙"。之所以加上"所谓"二字是针对芯片级防火墙说的了。它们最大的差别在于是否基于专用的硬件平台。目前市场上大多数防火墙都是这种所谓的硬件防火墙，他们都基于 PC 架构，就是说，它们和普通的家庭用的 PC 没有太大区别。在这些 PC 架构计算机上运行一些经过裁剪和简化的操作系统，最常用的有老版本的 Unix、Linux 和 FreeBSD 系统。值得注意的是，由于此类防火墙采用的依然是别人的内核，因此依然会受到 OS(操作系统)本身的安全性影响。

传统硬件防火墙一般至少应具备三个端口，分别接内网、外网和 DMZ 区(非军事化区)，现在一些新的硬件防火墙往往扩展了端口，常见四端口防火墙一般将第四个端口作为配置口、管理端口。很多防火墙还可以进一步扩展端口数目。

(3) 芯片级防火墙

芯片级防火墙基于专门的硬件平台，没有操作系统。专有的 ASIC 芯片促使它们比其他种类的防火墙速度更快，处理能力更强，性能更高。做这类防火墙最出名的厂商有 NetScreen、FortiNet、Cisco 等。这类防火墙由于是专用 OS 系统(操作系统)，因此防火墙本身的漏洞比较少，不过价格相对比较高昂。

**54. 单一主机防火墙、路由器集成式防火墙和分布式防火墙的区别是什么?**

**答** (1) 单一主机防火墙:最为传统的防火墙，独立于其他网络设备，它位于网络边界。

这种防火墙其实与一台计算机结构差不多，同样包括 CPU、内存、硬盘等基本组件，当然主板更是不能少了，且主板上也有南、北桥芯片。它与一般计算机最主要的区别就是一般防火墙都集成了两个以上的以太网卡，因为它需要连接一个以上的内、外部网络。其中的硬盘就是用来存储防火墙所用的基本程序，如包过滤程序和代理服务器程序等，有的防火墙还把日志记录也记录在此硬盘上。虽然如此，但我们不能说它就与我们平常的 PC 机一样，因为它的工作性质，决定了它要具备非常高的稳定性、实用性，具备非常高的系统吞吐性能。

(2) 路由器集成防火墙:原来单一主机的防火墙由于价格非常昂贵，仅有少数大型企业才能承受得起，为了降低企业网络投资，现在许多中、高档路由器中集成了防火墙功能。如 Cisco IOS 防火墙系列。但这种防火墙通常是较低级的包过滤型。这样企业就不用再同时购买路由器和防火墙，大大降低了网络设备购买成本。

(3) 分布式防火墙：随着防火墙技术的发展及应用需求的提高，原来作为单一主机的防火墙现在已发生了许多变化。最明显的变化就是现在许多中、高档的路由器中已集成了防火墙功能，还有的防火墙已不再是一个独立的硬件实体，而是由多个软、硬件组成的系统，这种防火墙，俗称“分布式防火墙”。

分布式防火墙再也不只是位于网络边界，而是渗透于网络的每一台主机，对整个内部网络的主机实施保护。在网络服务器中，通常会安装一个用于防火墙系统管理软件，在服务器及各主机上安装有集成网卡功能的 PCI 防火墙卡，这样一块防火墙卡同时兼有网卡和防火墙的双重功能。这样一个防火墙系统就可以彻底保护内部网络。各主机把任何其他主机发送的通信连接都视为“不可信”的，都需要严格过滤。而不是传统边界防火墙那样，仅对外部网络发出的通信请求“不信任”。

**55. 边界防火墙、个人防火墙和混合防火墙三者之间的区别是什么？**

**答** (1) 边界防火墙：是最为传统的那种，它们于内、外部网络的边界，所起的作用的对内、外部网络实施隔离，保护边界内部网络。这类防火墙一般都是硬件类型的，价格较贵，性能较好。

(2) 个人防火墙：安装于单台主机中，防护的也只是单台主机。这类防火墙应用于广大的个人用户，通常为软件防火墙，价格最便宜，性能也最差。

(3) 混合式防火墙：可以说就是“分布式防火墙”或者“嵌入式防火墙”，它是一整套防火墙系统，由若干个软、硬件组件组成，分布于内、外部网络边界和内部各主机之间，既对内、外部网络之间通信进行过滤，又对网络内部各主机间的通信进行过滤。它属于最新的防火墙技术之一，性能最好，价格也最贵。

**56. “包过滤型”和“应用代理型”防火墙的区别是什么？**

**答** (1) 包过滤(packet filtering)型

包过滤型防火墙工作在 OSI 网络参考模型的网络层和传输层，它根据数据包头源地址，目的地址、端口号和协议类型等标志确定是否允许通过。只有满足过滤条件的数据包才被转发到相应的目的地，其余数据包则被从数据流中丢弃。

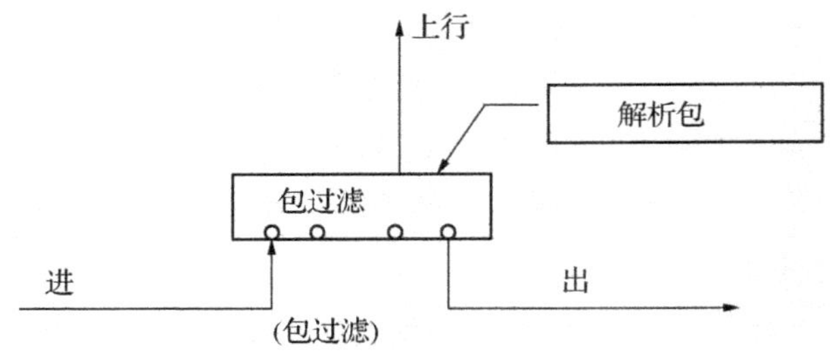


**图 1-5 包过滤型防火墙**

包过滤方式是一种通用、廉价和有效的安全手段。之所以通用，是因为它不是针对各个具体的网络服务采取特殊的处理方式，适用于所有网络服务；之所以廉价，是因为大多数路由器都提供数据包过滤功能，所以这类防火墙多数是由路由器集成的；之所以有效，是因为它能很大程度上满足了绝大多数企业安全要求。

在整个防火墙技术的发展过程中，包过滤技术出现了两种不同版本，称为“第一代静态包过滤”和“第二代动态包过滤”。

包过滤方式的优点是不用改动客户机和主机上的应用程

序，因为它工作在网络层和传输层，与应用层无关。但其弱点也是明显的：过滤判别的依据只是网络层和传输层的有限信息，因而各种安全要求不可能充分满足；在许多过滤器中，过滤规则的数目是有限制的，且随着规则数目的增加，性能会受到很大的影响；由于缺少上下文关联信息，不能有效地过滤如 UDP、RPC（远程过程调用）一类的协议；另外，大多数过滤器中缺少审计和报警机制，它只能依据包头信息，而不能对用户身份进行验证，很容易受到"地址欺骗型"攻击。对安全管理人员素质要求高，建立安全规则时，必须对协议本身及其在不同应用程序中的作用有较深入的理解。因此，过滤器通常是和应用网关配合使用，共同组成防火墙系统。

（2）应用代理（application proxy）型

应用代理型防火墙是工作在 OSI 的最高层，即应用层。其特点是完全"阻隔"了网络通信流，通过对每种应用服务编制专门的代理程序，实现监视和控制应用层通信流的作用。其典型网络结构如图所示。

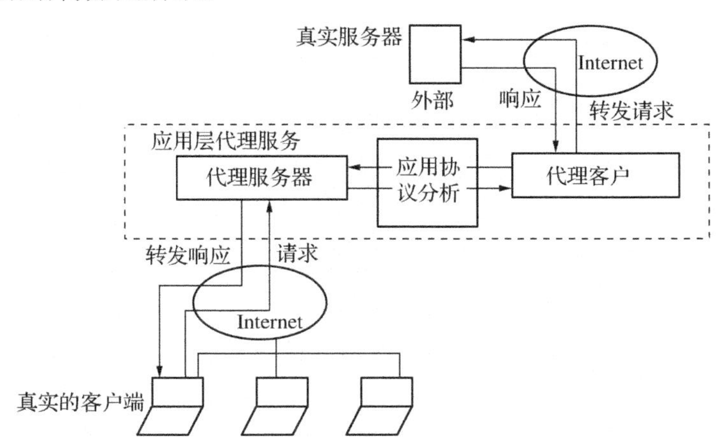


图 1－6　应用代理型防火墙

在代理型防火墙技术的发展过程中，经历了两个不同的版本，即第一代应用网关型代理防火和第二代自适应代理防火墙。

代理类型防火墙的最突出的优点就是安全。由于它工作于最高层，所以它可以对网络中任何一层数据通信进行筛选保护，而不是像包过滤那样，只是对网络层的数据进行过滤。

另外代理型防火墙采取是一种代理机制，它可以为每一种应用服务建立一个专门的代理，所以内外部网络之间的通信不是直接的，而都需先经过代理服务器审核，通过后再由代理服务器代为连接，根本没有给内、外部网络计算机任何直接会话的机会，从而避免了入侵者使用数据驱动类型的攻击方式入侵内部网。

代理防火墙的最大缺点就是速度相对比较慢，当用户对内外部网络网关的吞吐量要求比较高时，代理防火墙就会成为内外部网络之间的瓶颈。那因为防火墙需要为不同的网络服务建立专门的代理服务，在自己的代理程序为内、外部网络用户建立连接时需要时间，所以给系统性能带来了一些负面影响，但通常不会很明显。

(3) 包过滤和应用代理复合技术

因为应用代理型防火墙不支持对防火墙内部的 Web 服务器进行 HTTP 访问，最简单的保护对外发布信息的 Web 服务器的方式是使用包过滤型的防火墙。但是采用包过滤型防火墙的网络中，一旦允许外部网络中的主机可以向内部网络发起连接请求，攻击者就可以在网络外部尝试进行连接，这增加了整个网络的安全风险。而在采用应用代理型防火墙的网络中，根本不存在外部主机直接向内部网络发起连接请求，攻击者就只好在外部发起攻击。

为了在保护Web服务器和内部网络的安全，当前使用的更安全的做法是实现双层防火墙。外层防火墙实现包过滤功能，然而却允许外部网络访问其中的Web服务器，内部防火墙允许内部网络可以访问外部网络。双层防火墙通过设置了两层防火墙，使得内部网络更为安全。

**57. 防火墙的配置有哪些？**

**答** （1）配置原则

在默认情况下，所有的防火墙都可按以下两种方式进行配置：拒绝所有的流量；允许所有的流量。在防火墙的配置过程中需坚持以下3个基本原则：简单实用、全面深入、内外兼顾。

（2）配置方式

防火墙的初始配置与交换机、路由器一样，也是通过控制端口（CONSOLE）与PC机（通常采用移动笔记本计算机）的串口连接，再通过Windows系统自带的超级终端（HyperTerminal）程序进行选项配置。防火墙的初始配置物理连接与交换机的初始配置连接方法一样，防火墙除了以上所说的通过控制端口（CONSOLE）进行初始配置外，也可以通过Telnet和SSH配置方式进行基于命令的配置。防火墙与路由器一样也有4种用户配置模式，即普通模式（unprivileged mode）特权模式（privileged mode）配置模式（configuration mode）和端口模式（interface mode）。

**58. 防火墙在网络安全防护中的应用有哪些？**

**答** （1）控制来自因特网对内部网络的访问。

这是防火墙的一种最基本应用，也是应用最广的一项应用。其整个网络结构分为3个不同级别的安全区域：内部网络、外部网络和DMZ（非军事区）。其典型网络结构分别如图1～7（a）、（b）所示。

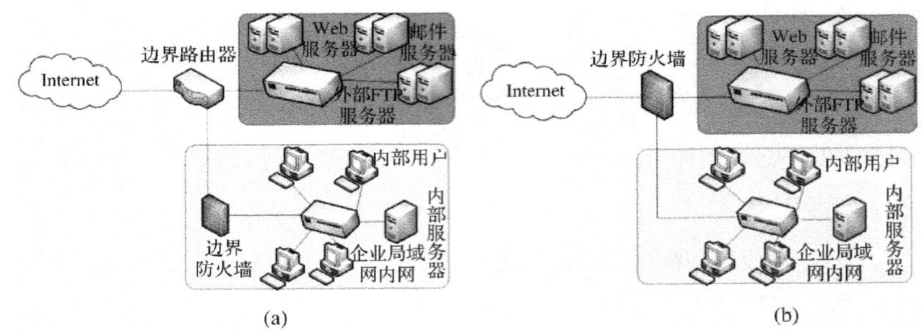


**图1-7 控制来自因特网对内部网络的访问的网络结构图**

DMZ(demilitarized zone)即俗称的非军事区,与军事区和信任区相对应,作用是把WEB、e-mail等允许外部访问的服务器单独接在该区端口,使整个需要保护的内部网络接在信任区端口后,不允许任何访问,实现内外网分离,达到用户需求。DMZ可以理解为一个不同于外网或内网的特殊网络区域,DMZ内通常放置一些不含机密信息的公用服务器,比如Web、Mail、FTP等。这样来自外网的访问者可以访问DMZ中的服务,但不可能接触到存放在内网中的公司机密或私人信息等,即使DMZ中服务器受到破坏,也不会对内网中的机密信息造成影响。

(2) 控制来自第三方局域网对内部网络的访问

这种应用主要是针对一些规模比较大的企事业单位,用来与分支机构、合作伙伴或供应商的局域网进行连接,或者是同一企业网络中存在多个子网。在这种应用环境下,防火墙主要限制第三方网络(以上所说的其他单位局域网或本单位子网)对内部网络的非授权访问。它也有两种典型网络结构,分别如下面的左、右图所示。

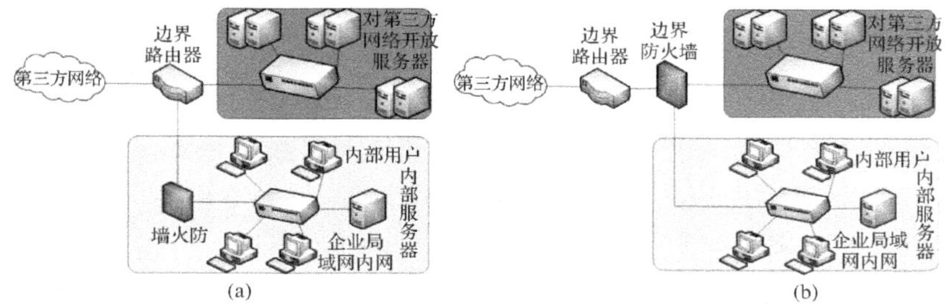


**图 1-8　控制来自第三方局域网对内部网络的访问的网络结构图**

(3) 控制局域网内部不同部门之间的访问

这种应用环境就是在一个企业内部网络之间，对一些安全敏感的部门或者特殊用户进行的隔离保护(当然所隔离的也可以是一个单独的子网)。通过防火墙保护内部网络中敏感部门的资源不被非法访问。其典型网络结构如图 1-9 所示。

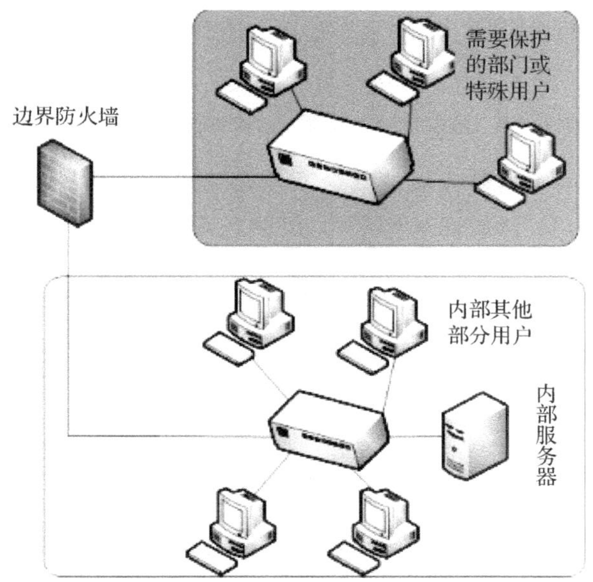


**图 1-9　控制局域网内部不同部门之间的访问的网络结构图**

(4) 控制对服务器中心的网络访问

这种应用可以有两种部署方法：

① 为每个用户的服务器群单独配置一个独立的防火墙，网络拓扑结构如图 1-10(a)所示。这是一种传统方法。

② 采用虚拟防火墙方式。网络拓扑结构如下面右图所示。这主要是利用三层交换机的 VLAN 功能，先为每一台连接在三层交换机上的用户服务器群配置成一个单独的 VLAN 子网，然后通过对高性能防火墙对 VLAN 子网的配置，就相当于将一个高性能防火墙划分为多个虚拟防火墙。其典型网络结构如图 1-10(b)所示。

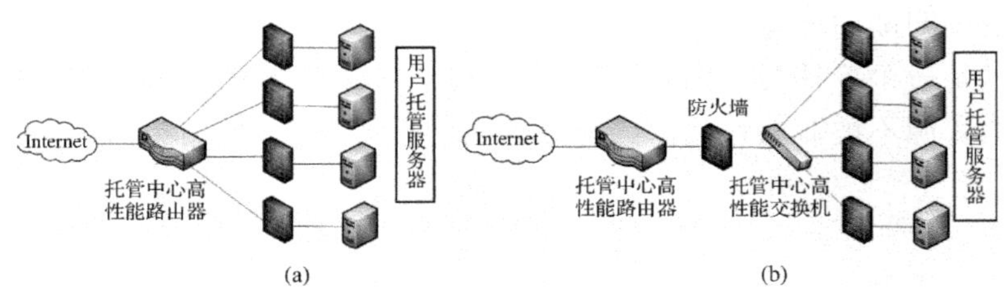


**图 1-10 控制对服务器中心的网络访问的网络结构图**

**59. 网闸与防火墙的概念及功能区别是什么？**

**答** (1) 从硬件架构来说，网闸是双主机＋隔离硬件，防火墙是单主机系统，系统自身的安全性网闸要高得多；

(2) 网闸工作在应用层，而大多数防火墙工作在网络层，对内容检查控制的级别低；虽然有代理型防火墙能够做到一些内容级检查，但是对应用类型支持有限，基本上只支持浏览、邮件功能；同时网闸具备很多防火墙不具备的功能，如数据库、文件同步、定制开发接口；

(3) 在数据交换机理上也不同，防火墙是工作在路由模式，直接进行数据包转发，网闸工作在主机模式，所有数据需要落地

转换，完全屏蔽内部网络信息；

(4) 防火墙内部所有的TCP/IP会话都是在网络之间进行保持，存在被劫持和复用的风险；网闸上不存在内外网之间的会话，连接终止于内外网主机。

无论从功能还是实现原理上讲，网闸和防火墙是完全不同的两个产品，防火墙是保证网络层安全的边界安全工具(如通常的非军事化区)，而安全隔离网闸重点是保护内部网络的安全。两种产品由于定位的不同，因此不能相互取代，只有互补。

**表1-3　网闸与防火墙的功能区别**

| 面临的威胁 | 网闸的处理及结果 | 防火墙的处理及结果 |
| --- | --- | --- |
| 物理层窃听、攻击、干扰 | 物理通路的切断使之无法实施 | 无法避免 |
| 链路、网络及通信层威胁 | 物理通路的切断使之上的协议终止，相应的攻击行为无法奏效 | 通过白名单＋黑名单的机制，控制IP、端口等手段可避免部分协议层攻击行为 |
| 应用攻击(CC、溢出、越权访问等) | 由于物理通路的切断、单向控制及其之上的协议的终止，使此类攻击行为无法进入内网(安全域)。专有定制的应用服务提供，使大多数对网闸的非安全域一端的处理单元的通用攻击行为无法奏效。即便是将外网端的处理单元攻陷，其攻击者也无法通过不受任何一端控制的安全通道进入内网(安全域) | 包过滤型防火墙，无处理，无法抵挡 高端应用级防火墙可抵挡部分应用攻击 |
| 数据(敏感关键字、病毒、木马等) | 信息摆渡的机制使得数据如同一个人拿着U盘在两台计算机之间拷贝文件，并且在拷贝之前会基于文件的检查(内容审查、病毒查杀等)，可使数据的威胁减至最低 | 可过滤部分明文关键字 |

**60. 入侵检测系统(IDS)与入侵防御系统(IPS)分别代表什么意思?**

**答** (1) 入侵检测系统(IDS)

入侵检测系统是依照一定的安全策略,对网络、系统的运行状况进行监视,尽可能发现各种攻击企图、攻击行为或者攻击结果,以保证网络系统资源的机密性、完整性和可用性。

我们做一个比喻:假如防火墙是一幢大厦的门锁,那么IDS就是这幢大厦里的监视系统。一旦小偷进入了大厦,或内部人员有越界行为,只有实时监视系统才能发现情况并发出警告。

与防火墙不同的是,入侵检测系统是一个旁路监听设备,没有也不需要跨接在任何链路上,无须网络流量流经它便可以工作。因此,对IDS的部署的唯一要求是:IDS应当挂接在所有所关注的流量都必须流经的链路上。在这里,所关注流量指的是来自高危网络区域的访问流量和需要进行统计、监视的网络报文。

IDS在交换式网络中的位置一般选择为:尽可能靠近攻击源、尽可能靠近受保护资源。这些位置通常是:

- 服务器区域的交换机上;
- Internet接入路由器之后的第一台交换机上;
- 重点保护网段的局域网交换机上。

(2) 入侵防御系统(IPS)

随着网络攻击技术的不断提高和网络安全漏洞的不断发现,传统防火墙技术加传统IDS的技术,已经无法应对一些安全威胁。在这种情况下,IPS技术应运而生,IPS技术可以深度感知并检测流经的数据流量,对恶意报文进行丢弃以阻断攻击,对滥用报文进行限流以保护网络带宽资源。

对于部署在数据转发路径上的IPS,可以根据预先设定的安全策略,对流经的每个报文进行深度检测(协议分析跟踪、特征匹配、流量统计分析、事件关联分析等),如果一旦发现隐藏于其中网络攻击,可以根据该攻击的威胁级别立即采取抵御措施,这些措施包括(按照处理力度):向管理中心告警;丢弃该报文;切断此次应用会话;切断此次 TCP 连接。

办公网中至少需要在以下区域部署IPS,即办公网与外部网络的连接部位(入口/出口);重要服务器集群前端;办公网内部接入层。至于其他区域,可以根据实际情况与重要程度,酌情部署。

**61. 入侵检测系统(IDS)的功能结构是什么?**

**答** 一个典型的入侵检测系统从功能上可以分为3个组成部分:感应器(sensor)分析器(analyzer)和管理器(menager)。

(1) 信息收集模块(感应器)

① 收集的数据内容

主机和网络日志文件;目录和文件中不期望的改变;程序执行中的不期望行为;物理形式的入侵信息。

② 入侵检测系统的数据收集机制

基于主机的数据收集和基于网络的数据收集;分布式与集中式数据收集机制;直接监控和间接监控;外部探测器和内部探测器。

(2) 数据分析模块

分析器从许多感应器接受信息,并对这些信息进行分析以决定是否有入侵行为发生,就是对从数据源提供的系统运行状态和活动记录进行同步、整理、组织、分类以及各种类型的细致分析,提取其中包含的系统活动特征或模式,用于对正常和异常行为的判断。

(3) 入侵响应模块

管理器通常也被称为用户控制台，它以一种可视的方式向用户提供收集到的各种数据及相应的分析结果，用户可以通过管理器对入侵检测系统进行配置，设定各种系统的参数，从而对入侵行为进行检测以及相应措施进行管理。

**62. 如何部署入侵检测器？**

**答** 对于入侵检测系统来说，其类型不同，应用环境不同，部署方案也就会有所差别。

(1) 基于网络的 IDS 中部署入侵检测器

基于网络的 IDS 主要检测网络数据报文，因此一般将检测器部署在靠近防火墙的地方，具体位置如图 1－11 所示。

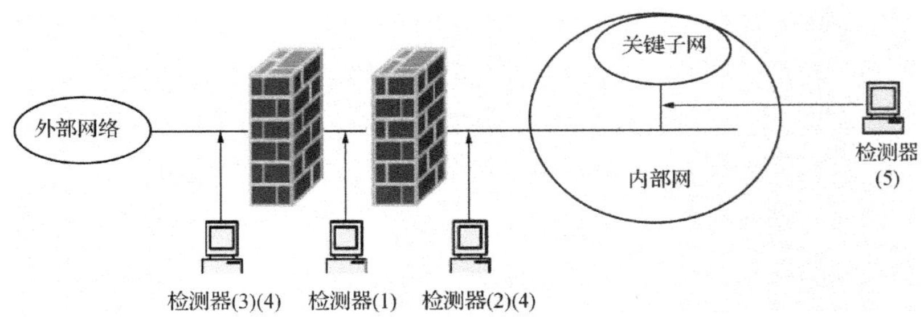


**图 1－11 基于网络的 IDS 中部署入侵检测器**

其中，检测器可安放的位置：DMZ(DeMilitarized Zone，隔离区)也称“非军事化区”；内网主干(防火墙内侧)；外网入口(防火墙外侧)；在防火墙的内外都放置；关键子网。

(2) 在基于主机的 IDS 中部署入侵检测器

基于主机的 IDS 通常是一个程序，部署在最重要、最需要保护的主机上用于保护关键主机或服务器。

**63. 信息中心机房平面布局的设计应考虑哪几个因素？**

**答** (1) 机房布局需考虑功能间的分配，按计算机设备和机柜数量规划布置机房面积与设备间距。

(2) 机房的功能需考虑各个系统的设置;机房平面布局注重功能区合理划分,机房内各个系统的建设要依托于建筑环境中,受到机房建筑结构、平面布局这些因素的制约,如建筑层高、形状、面积等。信息中心机房主体建筑平面布局注重功能性设计,建筑造型设计以简单实用为目标。避免因设计缺陷而导致材料浪费或能耗增高。

(3) 机房布局要符合有关国家标准和规范,并满足电气、通风、消防、装修、楼板承重及环境标准的要求。在满足系统可靠性的前提下,合理确定机房等级和系统配置,可以降低投资,减少能源消耗。在设备的合理布置上,主要涉及 IT 设备、机柜以及一些辅助设备和设施。

**64. 机房精密空调主要针对哪些系统维护?**

**答** 机房精密空调综合了对温度、湿度、通风情况的管理和调节作用。在日常的机房管理工作中,主要是针对控制系统、压缩机、冷凝器以及风道系统(包括风机、空气过滤网和压差控制器)等进行巡检与维护。

**65. 信息中心机房静电防护的基本原则是什么?**

**答** 抑制或减少机房内静电荷的产生,严格控制静电源;及时消除机房内产生的静电荷,避免静电荷积累,静电导电材料和静电耗散材料用泄漏法,使静电荷在一定的时间内通过一定的路径泄漏到地;绝缘材料用离子静电消除器为代表的中和法,使物体上积累的静电荷吸引空气中来的异性电荷,被中和而消除;定期(如一周)对防静电设施进行维护和检验。

温湿度控制:机房环境的温度应控制在 18～28 度,相对湿度应控制在 40～70%为宜。

机房的尘埃应控制在标准规定的范围内。

**66. 信息中心机房防雷接地系统维护定期检查的内容是什么？**

**答** 采用登杆检查、现场查看、望远镜观察、挖土查看、小锤敲击、测量、电气试验等方法进行定期检查。检查内容如下：① 完成巡回检查内容；② 基础是否牢固，安装、敷设、支撑、固定是否可靠并符合电气安装规范；③ 避雷器动作记录器是否动作，密封性是否完好；④ 避雷器瓷套与铁法兰之间结合是否良好，密封橡胶是否老化，扇形铁片是否塞紧，排气小孔密封是否完好，密封用螺帽是否旋紧，金属件腐蚀情况；⑤ 接地（零）线的导电截面积是否符合设计规范，短路故障时导电的连续性和热稳定性是否符合要求；⑥ 接地（零）线的涂色和标志是否符合规定；⑦ 测量接地装置的接地电阻是否符合要求。

定期检查并确保每个地网之间已经在地下互联，确认方法是在不同地线引出端测试地网之间的环阻。对于确实有规定不能直接连在一起的地网，也应检查是否利用等电位连接器将该地网与建筑基础地网连接起来。

检查各种电源设备及铁件均应接地，接地线采用多股铜线，截面符合要求，连接可靠。接地线严禁加装开关或熔断器。

检查机房内各种通信系统的保护地、工作地是否要接在同一个总接地汇流排上。若原来通信系统有自己独立地网，则应检查是否在地下与其他地网（或联合地网）做多处互连，而不是在地面上或在总地排做互连。

**67. 信息中心机房空调系统通电后空调温度控制器无显示的故障排查方法是什么？**

**答** ① 检查空调温度控制器端子是否接好零线火线，以确保零线火线电源正常。② 检查液晶主板和驱动电源之间排线是否松动。③ 有电源开关的温度控制器应把开关打在“OFF”

或者是“I”上。④ 空调温度控制器接线时应事先核对接线电源电压。

**68. 机房供配电系统几种常见故障排查？**

**答** (1) 故障现象一：停电后切换失败或发电失败。

故障原因：① 无双回路，或双回路设计不合理；② 双回路或自发电切换操作失误；③ 发电机损坏。另外接触开关上的金属触点生锈也会导致自动切换失灵。因此双电源转换开关一定要有专人维护，定期查看组件损坏情况，及时更新。

(2) 故障现象二：电缆线路击穿。

故障原因：① 电压过高；② 超负荷运行；③ 电缆头漏油；④ 外力损伤；⑤ 事故(如接地或短路)伤害；⑥ 保护层失效；⑦ 电缆头制作质量问题。

(3) 故障现象三：电缆线路发热。

故障原因：① 线径选择小；② 绝缘不良；③ 接头质量。④ 电缆安装时排列过于密集，通风散热效果不好；⑤ 电缆靠近其他热源太近，影响了电缆的正常散热。

(4) 故障现象四：电缆线路短路。

故障原因：① 电缆制造质量差；② 电缆受外力破坏；③ 雷击。

**69. 机房的防火措施有哪些？**

**答** ① 为预防来自机房外部的火灾危险，理想的情况下机房最好与其他建筑分开建设，并在建筑之间留有一定宽度的防火通道。但多数机房是与其他用途房间使用一幢建筑，根据建筑设计防火规范及机房设计规范规定，当计算机机房与其他建筑物合建时，应单独设防火分区。在机房选址时应注意机房要远离易燃易爆物品存放区域；② 机房应为独立的防火分区，机房的外墙应采用非燃烧材料。进出机房区域的门应采用防火门或防火卷帘。穿越防火墙的送、回风管，应设防火阀。以上措施应在机房平面总体设计及相关设计中进行相关设计；③ 机房建设采用防火材料。机房内部的建筑材料应选用非燃烧材料（A级）或难燃烧材料（B级）。电线、电缆选用耐火或阻燃电线、电缆；④ 设置火灾报警系统；⑤ 设置气体灭火系统；⑥ 合理正确使用用电设备，制定完善的防火制度。

**70. 机房消防系统的维保内容包含哪些？**

**答** （1）火灾自动报警系统。对系统中的火灾报警控制器、消防联动控制设备(含气体灭火控制器)、火灾应急广播控制装置、火灾警报装置、火灾探测器等设备分别进行单机通电检查。包括主机主、备电检查，功能检查；备电放电维护；每半年对备用电源进行1～2次充放电试验，主、备电源切换试验。回路线路性能及信号参数测量；各回路探测器、手动报警按钮模拟测试；联动测试。每月对部分探测器进行清洗。

（2）应急广播系统。① 以手动方式在消防控制室对所有楼层进行选层广播，对所有共用扬声器进行强行切换。② 对扩音机和备用扩音机进行全负荷试验，应急广播的语音应清晰。③ 对接入联动系统的火灾应急广播系统，使其处于自动工作状态，然后按设计的逻辑关系，检查应急广播的工作情况。④ 使任意一个扬声器断路，其他扬声器的工作状态不应受影响。

（3）FM200气体灭火系统。① 检查保养各台气体灭火控制器，测试其功能是否正常。② 检查启动瓶药剂储瓶的压力是否符合出厂充装压力和设计要求(压力表指针是否在绿区)，有无泄漏现象。③ 检查试验手动、自动紧急启、停放气装置功能是否正常。④ 定期对电磁阀、瓶头阀解体清洗，加硅油润滑。⑤ 模拟自动报警系统中的烟、温感探测器同时动作，通风空调是否停止，防火阀是否关闭，检查气瓶的电磁阀是否在规定的时间内动作，控制屏是否有放气信号，消防中心是否有信号，警铃、蜂鸣器是否动作。⑥ 检查气体灭火系统启动瓶、药剂瓶有无变形，有无腐蚀、脱漆。⑦ 检查控制气管有无变形或松脱，检查高压软管有无变形、生锈或老化。⑧ 检查气体保护区域（防护区）内的围护结构、开口等是否符合要求。

**71. 信息中心机房安防系统监视器出现故障（画面上出现一条黑杠或白杠，并且或向上或向下慢慢滚动）的处理方法？**

**答** 处理方法：要判断是电源的问题还是地环路的问题。在控制主机上，就近接入一台电源没有问题的摄像机输出信号，如果在监视器上没有出现上述的干扰现象，则说明控制主机无问题。接下来可用一台便携式监视器就近接在前端摄像机的视频输出端，并逐个检查每台摄像机。如有，则进行处理；如无，则干扰是由地环路、摄像机供电电压等其他原因造成的。

**72. 服务器日常安全检测的方法？**

**答** 日常安全检测主要针对系统的安全性，工作主要按照以下步骤进行。

(1) 查看服务器状态；

(2) 检查当前进程情况；

(3) 检查系统账号；

(4) 查看当前端口开放情况；

(5) 检查系统服务；

(6) 查看相关日志；

(7) 检查系统文件；

(8) 检查安全策略是否更改；

(9) 检查目录权限；

(10) 检查启动项。

**73. 服务器发生入侵事件,系统遭到破坏后应采取怎样的措施处理?**

**答** 视情况严重程度决定处理的方法,确定是通过远程处理还是通过实地处理。如情况严重采用实地处理。如采用实地处理,在发现入侵的第一时间应通知机房关闭服务器,待处理人员赶到机房时断开网线,再进入系统进行检查。若采用远程处理,如情况严重,第一时间停止所有应用服务,更改 IP 策略为只允许远程管理端口进行连接,然后重新启动服务器。重新启动之后再远程连接上去进行处理,重启前先用 AReporter 检查开机自启动的程序,然后再进行安全检查。

## 第二节 消防业务信息系统

**1. 灭火救援指挥系统包括哪些内容及基本功能?**

**答** (1) 消防接处警子系统

消防接处警子系统实现辖区内警情的集中受理、灾情定位、力量调派、灾情处置过程记录、增援请求以及指令的发送和接收,并能与当地 110 指挥中心及社会应急联动单位进行信息共享。

(2) 跨区域指挥调度子系统

跨区域指挥调度子系统结合音视频综合通信手段,接收下级消防机构上报的重大灾情和增援请求,对车辆,装备、人员、专家、药剂等力量进行跨区域调度,掌握灾害现场处置动态,实现公安部消防局、总队、支队之间纵向指令的传输和信息共享。

(3) 灭火救援业务管理子系统

灭火救援业务管理子系统为灭火救援指挥调度提供基础业务信息支撑。其中,执勤实力、业务训练、水源、预案、战评总结

等功能对日常工作进行规范与统一，并提供指挥调度所需的各种资源；决策支持、车辆动态、态势标绘、情报信息等功能为指挥调度提供数据和服务支撑。

（4）指挥中心信息直报子系统

指挥中心信息直报子系统实现三级指挥中心灾情信息的归纳整理和报告文件的上报下达。系统在信息上报过程中，可使用不同类型的报告模板，报告可与实际灾情信息进行关联，并能增加附件信息，信息报送报告可以从灾情信息中动态获取信息。

**2. 请指出灭火救援指挥系统连接的单位和内容覆盖面？**

**答** 灭火救援指挥系统能够贯穿部局、总队、支队、大队（中队）和灾害现场，覆盖消防责任区，连通各级消防通信指挥中心、消防站、消防移动指挥中心、作战车辆及个人终端设备。内容涵盖战备工作、业务训练和灭火救援作战等业务环节，并基于基础数据和公共服务平台实现信息的互联、互通与共享。

**3. 请指出灭火救援指挥系统在总队、支队、大（中）队各级连接的单位？具有哪些功能？**

**答** （1）在总队一级连接的单位

覆盖全省（自治区）消防责任辖区，连通省（自治区、地区、市、县）消防指挥中心及灭火救援有关单位，能与省（自治区）公共安全应急机构指挥系统、公安机关指挥系统互联互通，具有全省（自治区）战备训练、作战指挥和信息支持等功能。总队通过直报系统了解、掌握全省的灾害发生、发展情况，结合业务管理系统提供的执勤实力数据和灭火救援处置方案，制定相应的决策信息，针对实际灾害环境进行抢险救灾力量的指挥调度。

总队灭火救援指挥系统同总队基础数据平台进行交互，获取其他系统提供的基础信息，并将自己维护的信息提供给基础数据平台供其他系统使用。总队向部局上传水源采集信息、本地预案制作信息等。

(2) 在支队一级连接的单位

实现覆盖全市,连通城市消防指挥中心、消防站及灭火救援有关单位,能与城市公共安全应急机构指挥系统、公安机关指挥系统互联互通。能受理责任辖区火灾及其他灾害事故报警,以及指挥调度等功能。

(3) 在大(中)队一级连接的单位

能接收上级的指挥调度指令,根据上级的命令进行出动;同时对责任辖区的基础信息如灾情、水源、预案等进行录入和维护,并通过业务训练管理和战评总结管理提高作战能力。

**4. 请指出支队灭火救援指挥系统中火警受理信息流程?**

**答** 火警受理信息流程如下:

(1) 支队火警受理模块接收到座机、手机等多种报警来源的报警信息;

(2) 查询信息支持部分情报信息库数据,获取直辖市总队/支队执勤实力数据和预案数据,编制第一出动方案;

(3) 支队火警受理模块向中队火警终端模块下达出动命令,启动大、中队联动装置,中队火警终端模块接收出动命令;

(4) 支队火警受理模块接收火警终端模块的出动信息反馈;

(5) 记录火警受理全过程,并归档到情报信息库中;

(6) 火警终端监控模块定时监控火警终端状态;

(7) 定时发送信息到火警终端监控模块。

**5. 请指出灭火救援指挥系统中指挥调度信息流程、信息支持部分信息流程和业务工作部分信息流程?**

**答** (1) 指挥调度信息流程

① 总队跨区域指挥调度系统接收到跨区域增援请求;

② 通过指挥决策支持子系统提供的决策支持数据和信息支持部分提供的执勤实力数据，并结合现场信息，形成跨区域指挥调度方案；

③ 向方案涉及的支队指挥调度终端（或现场指挥中心）下达作战指令；

④ 必要时向部局指挥中心发送跨省区域增援请求；

⑤ 记录指挥调度过程到情报信息库中。

（2）信息支持部分信息流程

① 指挥决策支持子系统接收到各级跨区域指挥调度系统的现场态势信息等数据后，通过预案管理子系统、情报信息管理子系统和地理信息服务平台提供的数据，形成新的灾害处置方案，并把方案反馈给各级跨区域指挥调度系统；

② 车辆动态管理子系统接收到车辆等设备的 GPS 数据，向各级指挥调度系统提供车辆状态、位置的订阅和分发功能。

（3）业务工作部分信息流程

① 指挥中心信息直报子系统通过获取情报信息库中的人员、机构等信息形成各级各类值班信息，并将值班情况信息存储于情报信息库；

② 执勤实力动态管理子系统通过获取情报信息库中的人员、机构、装备器材等信息，并在日常业务工作中维护其状态信息，保证当前执勤实力状况的实时准确，供灭火救援指挥调度使用；

③ 水源管理子系统将采集维护的水源信息数据存储于情报信息库；

④ 预案管理子系统通过获取情报信息库中的单位、建（构）筑物、场所等信息，形成各级各类预案，并存储于情报信息库，供火警受理、跨区域指挥调度系统使用；

⑤ 业务训练管理子系统通过获取情报信息库中的人员、机构等信息，将训练计划、考核评定信息存储于情报信息库；

⑥ 战评总结子系统对作战记录（语音、图像、图文）汇总和整理，形成规范统一的战评资料，能够将战评总结资料和相对应的战评总结报告进行归档存储。

**6. 什么是7号信令？7号信令作局间信号有什么优点？**

**答** 7号信令又称为公共信道信令，即以时分方式在一条高速数据链路上传送一群话路信令的信令方式，通常用于局间。

优点包括：① 信令传送速度高，呼叫接续时间短；② 信号容量大，一条64 kbps的链路在理论上可处理几万话路；③ 活，易于扩充；④ 话路干扰小，话路质量高；⑤ 传递端一端信令或用户信令；⑥ 使话路服务智能化，即使传统的电话业务具备CLASS特性。

**7. 中队火警席位的基本功能是什么？**

**答** 能以语音和图文形式接收出动指令，并打印出车单；能自动或手动启动警灯、警铃、火警广播、车库门等联动控制装置；能检索查询火灾及其他灾害事故类信息、消防资源类信息、消防指挥决策支持类信息、灭火救援行动类信息、灭火救援记录和统计类信息等。

**8. 跨区域调度席位工作界面有哪些操作窗口？**

**答** 力量调度电话、无线电台操作窗口；录音和回放操作窗口；火灾及其他灾害事故信息、出动力量和处置情况信息显示窗口；灾情判断信息显示窗口；上级消防通信指挥中心、公安机关指挥中心和政府相关部门传输的灾情通报和力量调度指令显示窗口；编制和下达力量调度方案操作窗口；指挥决策支持信息显示窗口；编制灭火救援作战方案和下达跨区域作战指挥命令操作窗口；调度指挥信息记录管理显示窗口。

**9. 总队跨区域调度子系统的工作流程是什么？**

**答** （1）通过软件进行跨区域有线、无线语音调度；

（2）对语音信息进行记录；

（3）自动发送重大灾情短信通知；

（4）在LED屏上显示值班信息、灾情动态和分段汇总数据等灭火救援信息；

（5）在地图上跟踪作战车辆行驶路线和车辆当前状态；

（6）查看图像综合平台的视频资源实时图像。

**10. 录音录时设备的功能是什么？**

**答** （1）能自动识别有线电话、无线电台的通话状态，启动录音和结束录音；

（2）录音录时路数不应少于同时并行的通话路数；

（3）录音记录应与接处警记录相关联；

（4）可在授权终端上选择回放录音，并能进行数据转储和备份；

（5）录音文件的保存不应少于6个月，记录的原始信息不能被修改；

（6）能显示录音通道的状态和存储介质的剩余容量，当记录信息超过设定的存储容量阈值时，能给出提示信息。

**11. 请指出灭火救援指挥系统的部署方式？**

**答** 消防接处警子系统部署方式：部署平台为C/S结构，系统部署在直辖市总队和省（自治区）总队的城市消防支队，部分远郊大队部署了远程接警席位，处警终端部署在中队。

跨区域指挥调度系统部署方式：部署平台为C/S结构，系统部署在公安部消防局和省（自治区）总队。

灭火救援业务管理系统部署方式：部署平台为B/S结构，系统部署在公安部消防局和各总队。

**12. 业务训练管理子系统中数据服务的主要作用?**

**答** 业务训练系统物理上采用三级部署(部局、总队、支队),计划的审批和上报需要三级之间能够及时地进行数据的流通和更新,所以每级的系统需要启动一个数据服务,该数据服务主要的作用是用于上下级之间的数据更新。

**13. 水源管理子系统中标准地址库查询应注意的事项?**

**答** 根据"所属行政区"和"查询内容"进行检索。① 支持模糊检索;② 检索框不可输入特殊符号如:%" "' 或者单独输入"_"和超常字符,否则系统提示"检索条件有误";③ 查询内容为必填项。

**14. 灭火救援指挥系统消防态势标绘系统主要由哪些部分组成?**

**答** 消防态势标绘系统主要由图形数据管理、标绘(含网上协同标绘)图形编辑、显示控制、地图管理、查询分析、想定制作、图形打印等部分组成。

**15. 跨区域指挥调度子系统中全局配置模块主要配置哪些参数?**

**答** 主要配置当前系统所属消防机构、行政区划、指挥信息传输服务参数、本级协同服务通信账号、上级协同服务通信账号、CTI 服务参数,以及短信、录音参数等配置信息。

**16. 跨区域指挥调度子系统中接口配置的组成内容有哪些?**

**答** 接口的配置主要依据指挥调度系统调用外部 B/S 页面的接口地址(如消防机构信息的 URL 地址),由 URL 地址中不包含 IP 和端口号的后半部分组成,如果地址发生变化,可以由管理员进行修改。接口代码必须为三位数字。

**17. 跨区域指挥调度子系统中怎么样通过系统对 GIS 定位系统的各个参数进行设置操作？**

**答** 点击“文件”—“设置…”弹出系统设置对话框，在参数设置界面中可以设置部署参数、周边分析范围、车辆位置服务地址、移动视频监控点位置服务地址以及路径分析 URL 和态势标绘程序路径。

**18. 简述直辖市总队及地市级支队消防接处警子系统受理警情的工作流程？**

**答** (1) 通过软件受理报警电话，进行语音调度；

(2) 对语音信息进行记录；

(3) 在地图上显示移动电话报警人位置信息；

(4) 在软件上显示固定电话报警人信息及装机地址等；

(5) 执勤中队火警受理终端联动警灯、警铃、广播、车库门等设备；

(6) 自动发送灾情短信通知；

(7) 在 LED 屏上显示值班信息、灾情动态和分段汇总数据等灭火救援信息；

(8) 在地图上跟踪作战车辆行驶路线和车辆当前状态。

**19. 请简述一下消防接处警子系统建设采用的模式和部署方式？**

**答** 消防接处警子系统建设采用大集中模式，所有服务器和关键设备都是部署在直辖市总队、各城市支队指挥中心，辖区内 119 报警电话线路全部汇聚到总队、支队程控交换机，各大中队、直辖市支队作为用户，只设终端设备，系统由总队、支队统一部署和运行维护。既解决数据汇聚问题，又解决投资分散，大中队缺少技术力量的问题，实现集约化管理。

**20. 当支队使用接处警系统请求增援时，增援信息应包含哪些内容？**

**答** 当支队力量不足时，可向总队发起请求增援信息，为避免灾情信息在传输过程中发生丢失等问题，在请求增援信息中包含对应灾情信息、需增援作战功能类型及数量、需增援的装备信息。

**21. 在消防部队目前应用的一体化业务信息系统中，人员包括现役消防人员、非现役消防人员以及其他消防人员三大类。按照人员类别划分，现役消防人员又分为干部、士兵以及学员这三类。请简要回答干部、士兵和学员、非现役消防人员数据分别是通过哪种系统来维护的？**

**答** 干部数据通过政治工作管理系统进行维护，士兵和学员数据通过警务管理系统进行维护，非现役消防人员由综合业务平台工作单位与人员管理模块进行维护。

**22. 在消防部队目前应用的一体化业务信息系统中，机构数据由机构名称、机构类别、机构代码等属性组成，存储在机构基本信息表中。请简要回答是按照哪六个级别来划分的？**

**答** 按照部局、总队、支队、大队、中队和派出所六类应用级别进行划分。

**23. 请列举消防部队一体化软件中几个典型的数据流维护？其中，工作单位信息在何地维护，请你简要说明以总队为例的流转过程？**

**答** 包括：编制信息维护、工作单位信息维护、干部信息维护、士兵信息维护、账号信息维护等。

工作单位可以在部局维护也可以在总队维护，以总队为例介绍流转过程为：

(1) 在总队 OSM 系统中录入、修改、撤销工作单位或挂接

编制信息；

(2) 调用总队 GIS 标准地址服务，将工作单位地址及坐标信息存储在本地 OSM 库中；

(3) 实时横向同步至总队基础数据库，如实时同步失败，可通过定时同步补偿，目前设置的定时间隔为 3 min；

(4) 总队 OSM 调用部局服务纵向同步增量数据至部局 OSM，每天同步一次；

(5) 总队 OSM 调用部局服务每天从部局 OSM 同步一次其他总队的增量工作单位数据；

(6) 部局 OSM 实时向部局基础数据库增量写入工作单位数据。

**24. 消防部队一体化业务信息系统中干部信息在何地维护？请简要说明以支队为例的流转过程？**

**答** 干部数据维护可以在支队、总队、部局。干部数据流转过程如下：

(1) 维护干部数据或者操作触发，支队实际上与总队使用同一业务数据库和基础数据库，因此支队保存成功后，总队实时可见；

(2) 干部数据以 5 min 间隔的定时方式同步至总队 OSM 数据库，总队 OSM 系统实时调用基础数据平台服务向总队基础数据库同步该数据，无论写 OSM 库还是写基础数据库失败，此次同步操作视为失败(事务回滚)，政工系统的补写机制每隔 5 min 进行一次补写，直至同步成功；

(3) 横向同步成功后，总队调用部局服务增量同步干部数据，每隔 5 min 定时同步一次；

(4) 纵向同步成功后，部局政工系统横向同步至部局 OSM 库和部局基础库。

**25. 消防部队一体化业务信息系统账号信息在何地维护？请简要说明以总队为例的流转过程(答对步骤即可)？**

**答** 账号可以在部局维护也可以在总队维护，下面以总队为例介绍流转过程。

(1) 在总队IAM系统中维护账号；

(2) 实时横向同步至总队基础数据库，如实时同步失败，可通过定时同步补偿，目前设置的定时间隔为10 min；

(3) 以间隔为2 min的定时同步方式同步至总队PKI系统；

(4) 总队IAM调用部局服务纵向同步增量数据至部局IAM，时间间隔为2 min；

(5) 部局IAM实时向部局基础数据库增量写入账号数据；

(6) 部局IAM以间隔2 min的定时同步方式同步至部局PKI系统。

**26. 请从信息系统结构角度，简要说出消防综合业务平台的作用和组成部分？**

**答** 消防综合业务平台为用户提供统一的系统访问入口，实现单点登录和跨业务信息系统访问，提供统一流程管理，强化督办机制；包含身份认证、单点登录和各类待办事项、提醒事项的综合集成、工作流管理、办公支撑等功能。

消防综合业务平台作为消防平台软件的组成部分，包括身份与授权管理子系统、门户集成子系统和办公支撑子系统。

**27. SQL Server常见问题及解决方法？**

**答** (1) SQL Server运行中，如何删除主数据库事务日志文件？

① 分离数据库企业管理器—数据库—右击要删除日志的数据库—所有任务—分离数据库。

② 删除日志文件。

③ 附加数据库(企业管理器—数据库—右击数据库—所有任务—附加数据库这时候只附加)即可。

(2) 应用系统无法正常运行,日志抛出无法连通 SQL Server 错误可能的原因有哪些?

① 此问题可能是由于 SQL Server 数据库服务未正常启动导致的,需检查服务列表中 MSSQLSERVER 服务是否正常启动,若未启动将服务启动。

② 也可能是由于应用系统默认数据库用户无法正常登录相应数据库导致的,需使用应用系统用尝试在 SQL Server 2008 Management Studio 上直接登录,如果登录不成功,查看是否拥有对应权限以及账号密码是否正确。

(3) SQL Server 数据库备份文件应如何保存?

一般情况下,备份数据库是用于保证数据安全,以便在必要时用于恢复数据。因此,在条件允许的情况下,备份文件不应与数据文件放置于同一物理磁盘下。并且定期将备份文件拷贝至不与数据库服务器连接的存储设备中,这样在服务器发生异常时,可以利用备份文件迅速恢复数据。

(4) 如何合理安排 SQL Server 数据库备份计划?

SQL Server 数据库备份计划需要根据各单位、各业务系统的不同情况决定。具体的配置方式和策略,可参照 2014 年部局下发的《数据库备份策略优化方案》中的内容,根据自身情况进行配置。

(5) SQL Server2008 备份维护计划未能正常备份数据库文件故障可能的原因是什么?

① 查看维护计划是否配置正确。文件备份路径是否存在,在没有特殊设置的情况下,SQL Server 备份维护计划不会自动

生成备份路径的文件夹；

② 查看备份路径所在的磁盘是否有足够的空间以供存放备份文件。

(6) 业务系统 SQL Server 数据库中，业务数据库的日志文件(.ldf)过大，并已影响 D 盘可用空间，怎样解决？

根据 SQL Server 的工作原理，数据库在工作时就会生成日志文件，如果不进行日志截断操作，日志文件就会不断增长最终导致过大的现象。正常情况下，日志截断操作是通过事务日志备份操作实现的。因此需要管理员为数据库配置日志备份计划。完成日志备份后，日志文件不会被收缩，但已使用的空间将会被回收并重新利用。

(7) 数据库服务器的内存使用量持续过高(≥95%)，如何处理？

根据 SQL Server 的工作原理，在数据查询的过程中，数据库会预先将硬盘中的数据预读进内存中，再由内存读入 CPU。同时，在数据读入内存后，如果未出现内存压力，SQL Server 将不会主动释放已经占有的内存。在数据量足够大的前提下，随着服务器开机时间的增加，服务器的内存将逐渐被 SQL Server 占满，一般只留余 200 Mb 左右的空间。但这并不意味着系统出现了问题。只有内存被占满并且数据库仍存在内存压力的情况下，才指示服务器内存存在问题，需要进行硬件升级或数据库调优操作。

**28. 灭火救援业务管理系统中“水源管理”—“水源信息查询”—“水源定位查询”无法看到地图是什么原因？**

**答** 检查各总队地理信息应用服务器及对应的数据库服务器网络是否正常。如果网络可以正常连通，再检查应用服务器以 Arcgis 开头的服务是否启动。

**29. 现在有一份文档，足有49 M，需要发邮件给本单位领导，小李应用综合业务平台在线邮件功能，无论小李如何用附件粘贴功能也无法连接成功，提示附件容量太大。请用综合业务平台的其他功能把这封邮件发出去，请你按步骤阐述如何实现？**

**答** (1) 打开综合业务平台，以你个人账号、密码进入；

(2) 选择“个人事务”；

(3) 进入“个人文档”功能；

(4) 选择“上传”，点击；

(5) 选择好存放位置；

(6) 用浏览方式，把要传输的49 M文档文件进行添加；

(7) 点击“上传”；

(8) 在你个人文档中就有刚才上传的文件；

(9) 选择这个文件，点击“发送”，进入写邮件功能；

(10) 选择收件人领导，发送即可。

**30. GPS定位接收平台包括哪些部分？**

**答** 主要包括GPS服务器、GPS数据库以及车载GPS终端，提供车辆位置定位服务、GPS终端提供车辆状态实时变更数据的回传功能。

**31. GPS定位接收平台的通信方式和消息格式是什么？**

**答** 接口方式主要采用UDP的通信方式，消息格式采用XML(extensible markup language，可扩展标记语言)文件格式。

**32. 请指出地理信息服务平台的部署方式、包含哪些内容？**

**答** 地理信息服务平台的统一地图展示系统和地理信息服务管理系统是部局一级部署，其他系统为部局、总队两级部署。

地理信息服务平台包括地理信息业务数据库、地理信息空间库、地理信息地图服务、地理信息服务平台软件及支撑。

**33. 请指出消防GIS和公安PGIS平台是如何实现对接的，对接包括哪些主要内容？**

**答** 消防GIS和公安PGIS平台的对接方式是部消防局GIS与部公安PGIS平台对接，消防总队GIS同时与省公安厅(局)PGIS平台和地(市)公安局PGIS平台对接。消防GIS和PGIS平台对接后，可以实现各级消防业务通过PGIS代理访问同级PGIS平台的资源，也可以实现部级公安业务系统访问部消防局GIS，省级及各地市以下公安业务访问总队消防GIS。

对接主要内容：

消防GIS与PGIS平台对接内容包括基础地图服务对接、业务图层数据共享和地图服务资源访问对接三个方面。

基础地图服务对接是指消防GIS共享使用PGIS平台的基础地图服务。

业务图层数据共享是指消防GIS与PGIS平台互相共享自有的业务地图服务和业务数据服务。

在PGIS平台实现地图服务资源列表并提供访问服务后，根据实际环境进行对接。PGIS平台未提供资源列表访问服务前，通过手工配置方式，实现相关地图服务的注册管理。

**34. 地理信息服务平台使用时出现异常，一般怎么处理？**

**答** 一般可以采用重置处理，关闭软件，输入用户名和密码进行重新登录；当IIS应用服务器出现问题时，可重启IIS应用。在WINDOWS应用服务中选择IIS管理服务进行重启，可恢复IIS的异常。

**35. 地理信息数据管理子系统如何实现版本管理？**

**答** 以系统管理员身份登录系统，右键点击专题库，显示右键菜单，点击版本管理，弹出版本管理对话框，显示版本信息列表；选中某记录，点击新增版本按钮，弹出增加版本信息对话框，输入版本名字，描述和权限，点击创建；新增版本选中某记录，点击删除版本按钮。

**36. 地理信息数据管理子系统如何修改图层属性？**

**答** 以系统管理员身份登录系统，右键点击图层，显示右键菜单，点击图层属性，弹出图层属性对话框。修改图层名字，点击确定。

**37. 消防态势标绘能够将当前态势信息保存为哪几种格式的图形文件？**

**答** 消防态势标绘能够将当前态势信息保存为 BMP、JPG、GIF、PNG、TIFF 五种格式的图像文件。

**38. 简述消防态势标绘协同标绘的一般流程？**

**答** 启动服务器软件—主席组织协同任务参加人员—主席准备协同地图/态势图—主席启动协同任务—用户加入协同—协同标绘—完成协同标绘。

**39. 态势标绘工具的高级应用有哪些？**

**答** 态势标绘工具的高级应用包含：想定制作、协同标绘、标绘动作和三维立体图。

**40. 执勤实力动态管理子系统中支队角色权限有哪些，中队角色权限有哪些？**

**答** 支队角色权限有执勤实力状态管理、执勤实力维护、业务规则维护、执勤实力查看、检查结果查看、车辆装备状态查询。

中队领导角色权限为当日交接班、执勤实力状态管理、执勤实力维护、执勤实力查看、检查结果查看；装备技师角色权限为执勤实力状态管理、检查结果查看；驾驶员角色权限为执勤实力状态管理和检查结果查看。

**41. 大文件服务所在服务器存放哪些信息？**

**答** 存放灭火业务管理系统的水源、预案的图片信息、预案附件上传的视频、语音等信息；存放营房管理系统的坐落图、平面图纸；装备管理系统的部分图片信息等，为 FTP 附件。

**42. 战评总结管理子系统中如何自定义附件下载路径？**

**答** 战评总结管理子系统在文件上传以后点击列表的文件名可以对附件进行下载，下载时需对 IE 浏览器进行设置：打开 IE 浏览器→工具→安全→Internet→自定义级别→安全设置→Internet 区域→下载→文件下载的自动提示选择为启用，方可 FTP 下载以后自定义下载路径。

**43. 首次使用地理信息服务平台时，如何将系统访问地址添加为受信任站点？**

**答** 右键 IE→安全→受信任站点→站点，将系统的登录页面地址添加到区域中→点击确定；网站栏里有本系统的网站，表示添加受信任网站成功。

**44. 公众信件及公安网管理系统所在服务器存放哪些信息？**

**答** 存放了结果公开数据、户籍化数据、外网咨询数据、文稿数据等，均以附件形式存放在 FTP 路径下。

**45. 互联网管理系统所在服务器存放哪些信息？**

**答** 存放了结果公开数据、户籍化数据、外网咨询数据、文稿数据等，均以附件形式存放在 FTP 路径下。

**46. 综合业务平台所在服务器哪几个文件夹一定要异地备份？**

**答** 综合业务平台所在服务器 ZHYWPT/UploadFiles 存放了邮件、公文等信息，很重要，增长量也很大，如果部署的时候磁盘空间预留得太小，有可能需更换磁盘，部分地区可能把路径更改为其他盘符，备份时需要注意；同时 XJDGLFolder 存放了消防监督的检查记录、备案信息、户籍化信息等，也一定要异地备份。

**47. 系统中数据输出到 Excel 中时可能存在的情况有哪些？**

**答** （1）由于 Excel 只能支持显示 255 列，输出的数据列不

能超过 255 列；

(2) 在输出完成前，Excel 文件不显示，当前系统会有短暂的时间不能操作，等待 Excel 文件输出完毕显示后系统即可进行正常操作。

**48. 系统中数据输出到 Word 中时可能存在的情况有哪些？**

**答** (1) 因格式、字体等问题，可能造成输出结果不规范，需要人工进行调整；

(2) 附件类文档、音频、视频、图片不在输出范围内；

(3) 在输出完成前，Word 文件不显示，当前系统会有短暂的时间不能操作，等待 Word 文件输出完毕显示后系统即可进行正常操作。

**49. 服务管理系统连接数据库异常如何处置？**

**答** 登录服务管理系统所在服务器重新启动 fwgl_weblogic_XXX 服务(管理工具—服务—重新启动 fwgl_weblogic_XXX)；

**50. 基础数据平台连接数据库异常如何处置？**

**答** 登录总队基础数据平台所在服务器重新启动 jcsj_weblogic_XXX 服务(管理工具—服务—重新启动 jcsj_weblogic_XXX)。

**51. 操作综合业务平台中，当起草文件时，如果屏幕出现“当前安全设置禁止运行该页中的 ActiveX 控件。因此，该页可能无法正常显示”的警告窗口时，如何处理？**

**答** ① 打开 IE 浏览器；② 用鼠标左键单击“工具”菜单栏，在出现的下拉列表中单击“Internet 选项”；③ 在弹出的框中选择“安全”，并单击“自定义级别”；④ 在弹出的“安全设置”中找到“下载未签名的 ActiveX 控件”，单击其下的“启用”；⑤ 单击“安全设置”的“确定”，并单击新出现的警告框的“是”，最后单击“Internet 选项”的“确定”。

**52. 综合业务平台中出现“数据库连接失败”的常用处理方法有哪些?**

**答** 查看数据库服务器操作系统的防火墙设置情况,是否开启数据库的端口,SqlServer 的默认端口是 1433。检查数据库连接池的配置信息是否正确,比如 IP 地址,数据库名,用户名,密码;检查数据库服务器端是否成功正确创建数据库对象,比如数据库实例,登录名等数据库端初始对象。

**53. 如何解决在综合业务平台运行期间 C 盘空间减小、系统运行缓慢的问题?**

**答** 该现象的主要原因是由于系统默认将相关日志文件存放在 C:/WINDOWS/system32/LogFiles 下,随着时间的推移日志文件不断占据 C 盘空间从而影响系统运行的速度。解决方法:

(1) 定期根据系统默认的路径删除相关日志文件;

(2) 更改日志文件目录,将日志文件存放到容量大的盘中;

(3) 关闭 IIS 日志记录,可以在“Internet 信息服务(IIS)管理器”—(本地计算机) —“网站”—“属性”中取消“启用日志记录”前的打钩符号。

**54. 如何处理综合业务平台中“在 IE 地址栏中输入消防综合业务平台地址后,IE 窗口自动关闭”的问题?**

**答** 取消这些程序的禁止弹出窗口选项。点击“控制面板”—“Internet 选项”—“安全”选中“受信任的站点”,然后点击“站点”按钮,添加消防综合业务平台站点地址。

**55. 如何处理“进入消防综合业务平台待办页面后不久,IE 弹出错误提示,IE 自动重启。”的问题?**

**答** (1) 在“控制面板”—“添加删除程序”中将操作系统中的 RealPlayer(或 RealOne Player)卸载。如确实需要安装 RealPlayer,推荐使用 RealPlayer 1.0 或 RealOne Player 2.0 以

上版本；(2) 在“控制面板”—“文件夹选项”—“文件类型”中找到“WAV”格式文件，点击“高级”，然后编辑“open”操作在“用于执行操作的应用程序”栏中，填写“C:/Program Files/Windows Media Player/mplayer2. exe" /Play "%L”。

**56. 如何处理综合业务平台上传比较大的文件(比如25M)，页面提示“404 找不到文件或目录”或者“无法显示网页”的问题?**

**答** 用户上传大文件(比如 25 M)有时会出现页面提示“404 找不到文件或目录”或者“无法显示网页”，如果用户必须上传如此大小的文件，请联系管理员到综合业务平台站点下的应用配置文件(web. configure)里更改 system. web 节点下的 maxRequestLength 值，将其改大。

**57. 身份授权与管理子系统中如何进行应用系统用户管理员授权?**

**答** 在身份与授权管理子系统中，进入“系统配置”—“系统权限管理”—“系统角色成员管理”在左侧机构树选择所属单位，右侧列表展示已配置的该单位所有角色列表，单击选中所属单位角色，然后在列表上方点击“授权用户”按钮。

**58. 用户忘记综合业务平台登录密码，如何重置密码?**

**答** 需身份授权与管理子系统管理员使用管理员账号登录系统，点击“用户管理”—“用户凭证管理”—“密码”，找到人员所对应账号，将该账号“重置密码”即可。

**59. 日常办公协作平台有哪些功能?**

**答** 日常办公协作平台包括日常办公协作平台和在线考试系统两个部分。日常办公协作平台集即时通信、视频会议和视频监控于一体，实现了实时信息交互，视频会议，监控等功能，大大降低了远程教育培训的通信、差旅和接待费用，节约了培训开销，为用户实现远程教育培训，提供一个方便、快捷、优质的通讯服务平台。公安消防考试系统是基于微软.net Framework 3.5框架，采用asp.net和SQL2008开发的一套B/S模式的标准化考试系统。

**60. 服务器重启有哪些应当注意的事项？**

**答** 应用服务器有要求定期重新启动，数据库如果需要重启的话则需要手动重启，并且要先于应用服务器重启，否则部分weblogic的服务会连接数据库异常，导致数据同步时出现问题。

依次修改参数st，mo，d。参数st为任务开始时间；参数mo为月份的第几个星期；参数d为星期几。通过windows的任务计划，定期重启服务器。

**61. 灭火救援指挥系统中数据备份的方法有哪些？**

**答** 使用灭火救援指挥系统软件生成的应用文档以文件形式存在，直接利用操作系统的复制功能进行拷贝备份即可。

**62. 某系统应用每天产生的新数据约占10%，为最大程度地节约存储空间最适合采用的备份类型是什么？**

**答** 采用增量备份。增量备份是针对上一次备份(无论是哪种备份)：备份上一次备份后，所有发生变化的文件。

**63. 请简单说明一体化消防业务信息系统部分单位数据库服务器使用一段时间后数据库中数据无法正常被写入或修改，导致系统无法正常使用是什么原因造成的？**

**答** 由于该单位数据库服务器备份计划存在配置不合理，管理员未按照规定对数据库服务器配置合理月、周、日备份计划。数据库备份计划未配置或错误配置自清理计划，致使备份文件累积，并占用极大的磁盘空间。配合事务日志的增长，使磁盘可用空间减少或是无可用空间，最终导致系统无法正常使用。因此需要对数据库服务器进行备份策略的优化操作。

**64. 一体化消防业务信息系统数据库如何进行异地备份？**

**答** 各单位管理人员对数据库进行异地备份，备份方法可以通过拷贝数据库服务器本地磁盘备份文件至异地磁盘的方法进行备份。或利用其他第三方软件对数据库进行异地磁盘备份。此备份用于归档，或用于由数据库服务器本地磁盘损坏造成的应急性数据恢复。

**65. 在119接处警系统中如何变更车辆状态为待命状态？**

**答** 进入119接处警系统，进入“班长监控”—“车辆管理”，选中需要修改的一个车辆点击右侧的“待命”状态按钮修改车辆状态。如图1-12所示。

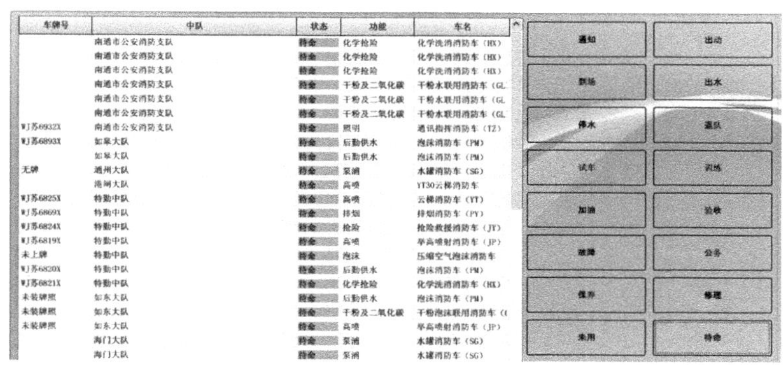


**图1-12 修改车辆状态**

**66. 在执勤实力动态管理子系统中如何将车辆状态修改为报停？**

**答** 进入“执勤实力”—“执勤实力状态管理”—“维修车辆报停”，在消防车辆列表中，选中需要一个车辆，点击页面左上角的“报停”按钮（如果需要审核，需与支队配合报停），如图1-13所示。

图 1－13　维修车辆报停

**67. 在执勤实力动态管理子系统中将车辆“报停后”，如何如将车辆状态修改为待命状态？**

**答**　车辆报停后，此车辆信息会显示在页面下方的故障车辆列表中，选中此车辆，点击“恢复执勤”按钮，执勤恢复成功后，此车辆的车辆状态变更为待命状态，如图 1－14 所示。

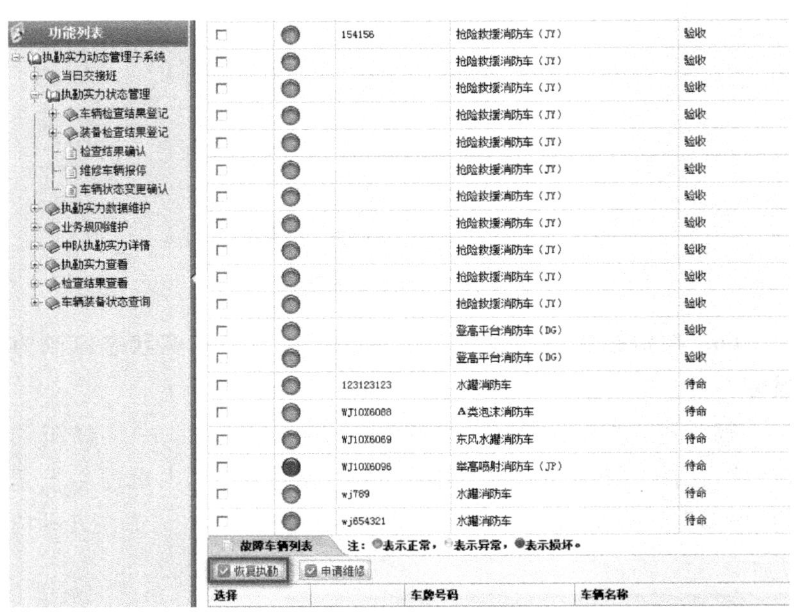


图 1－14　车辆状态变更

**68. 当日交接班检查时不显示随车器材的原因是什么，配置要点和解决方法是什么？**

**答** 原因是：(1) 车辆器材没有配置上车；

(2) 车辆器材配置上车后，没有设置检查项。

图 1－15　正常界面

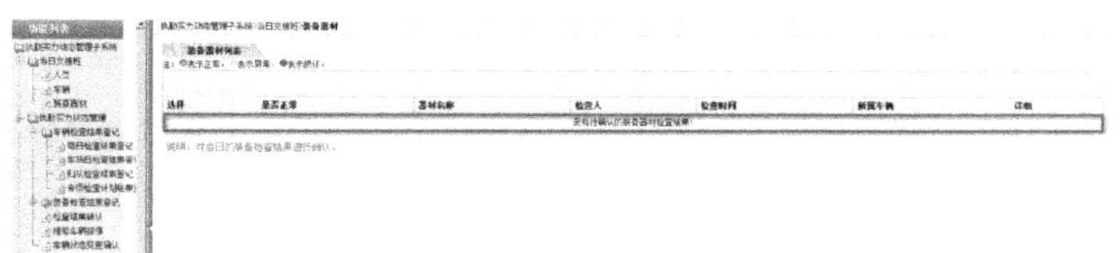

图 1－16　不正常界面

配置要点：① 在装备系统中将车辆器材配置上车；② 在灭火救援管理系统中设置检查项。

解决方法：(1) 装备管理系统，进入“装备使用”—“装备信息”，在装备信息列表中，在列表“基本操作”处，点击“配置”超链接，如图 1－17 所示。

当前位置：【装备使用】-【装备信息】

查询区域：

装备名称：　规格型号：　机构名称：

查 询　清 空

操作类型：车辆列表　器材列表

装备信息列表　　使用　计划检测

| | 车辆名称 | 车辆号牌 | 规格型号 | 单件装备编码 | 单价 | 储备数量 | 在用数量 | 装备状态 | 基本操作 |
|---|---|---|---|---|---|---|---|---|---|
| ┌ | 泡沫消防车（PM… | wj4852963 | BBS5120GXFPM… | 210101021K1650012000 | 180000.0 | 0.0 | 1.0 | 新品 | 配置 使用 直接检测 维修 |
| ┌ | 泡沫消防车（PM… | | BBS5120GXFPM… | 210101021K1650012001 | 434444.0 | 0.0 | 1.0 | 新品 | 配置 使用 直接检测 维修 |
| ┌ | 泡沫消防车（PM… | | BBS5120GXFPM… | 210101021K1650012002 | 434444.0 | 0.0 | 1.0 | 新品 | 配置 使用 直接检测 维修 |
| ┌ | 泡沫消防车（PM… | | BBS5120GXFPM… | 210101021K1650012003 | 434444.0 | 0.0 | 1.0 | 新品 | 配置 使用 直接检测 维修 |
| ┌ | 泡沫消防车（PM… | | BBS5120GXFPM… | 210101021K1650012004 | 434444.0 | 0.0 | 1.0 | 新品 | 配置 使用 直接检测 维修 |
| ┌ | 泡沫消防车（PM… | | BBS5120GXFPM… | 210101021K1650012005 | 434444.0 | 0.0 | 1.0 | 新品 | 配置 使用 直接检测 维修 |

图 1－17　装备信息列表

（2）进入车辆器材配置界面，选中要配置的记录，点击右上角的“增加器材”按钮，如图 1－18 所示。

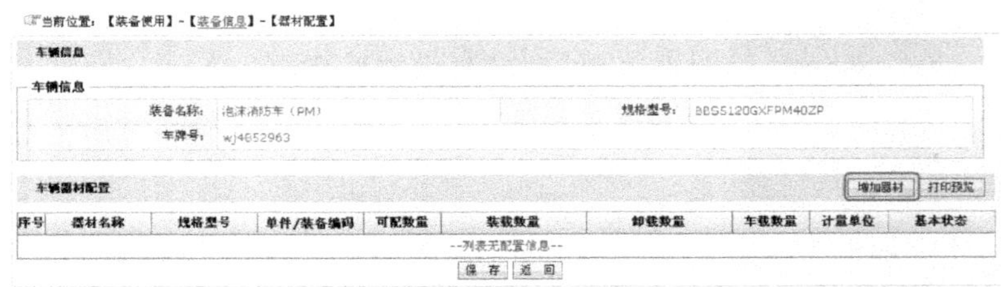


图 1－18　车辆器材配置

（3）进入器材信息列表，选中要加载的车辆器材，点击右上角的“加载”按钮，如图 1－19 所示。

图 1－19　器材信息列表

（4）进入车辆器材配置页面，加载所勾选的器材，配置装载数量点击“保存”按钮，如图 1－20 所示。

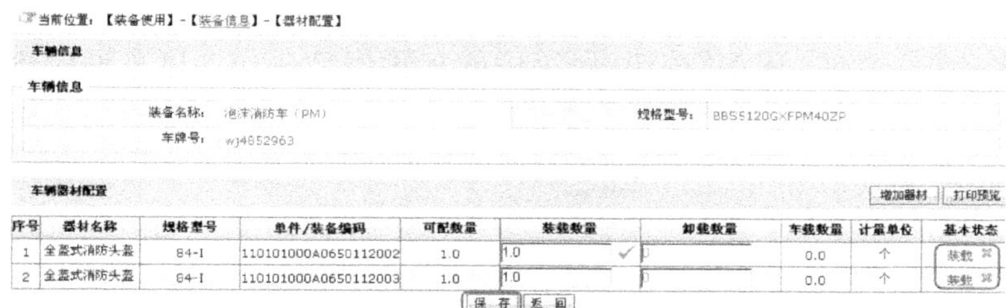


| 序号 | 器材名称 | 规格型号 | 单件/装备编码 | 可配数量 | 装载数量 | 卸载数量 | 车载数量 | 计量单位 | 基本状态 |
|---|---|---|---|---|---|---|---|---|---|
| 1 | 全盔式消防头盔 | 84-I | 110101000A0650112002 | 1.0 | 1.0 | 0 | 0.0 | 个 | 装载 |
| 2 | 全盔式消防头盔 | 84-I | 110101000A0650112003 | 1.0 | 1.0 | 0 | 0.0 | 个 | 装载 |

图 1－20　车辆器材配置

**69. 交接班检查时，不显示车辆信息的原因是什么，该如何解决？**

**答**　不显示车辆信息的问题原因是没有在每日车辆检查结果登记中进行检查确认。

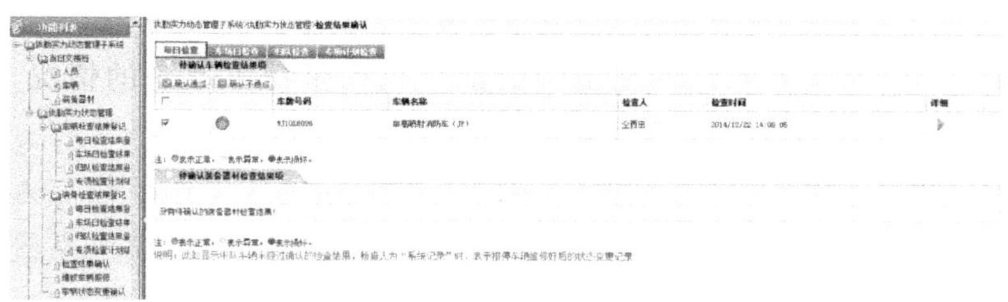

图 1－21　正常界面

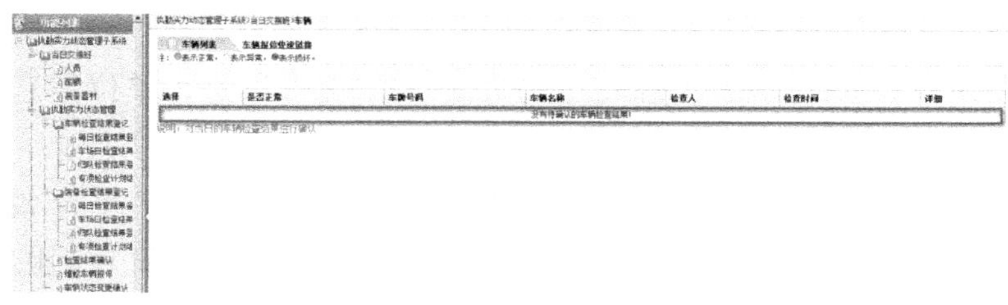

图 1－22　不正常界面

解决方法：在车辆检查结果登记中，对车辆检查结果进行确认。进入“执勤实力”—“执勤实力状态管理”—“车辆检查结果登记"—"每日检查结果登记",在车辆检查列表中对车辆进行检查后,点击"保存"按钮,保存后的车辆信息在交接班车辆检查结果中进行确认。如图1-23所示。

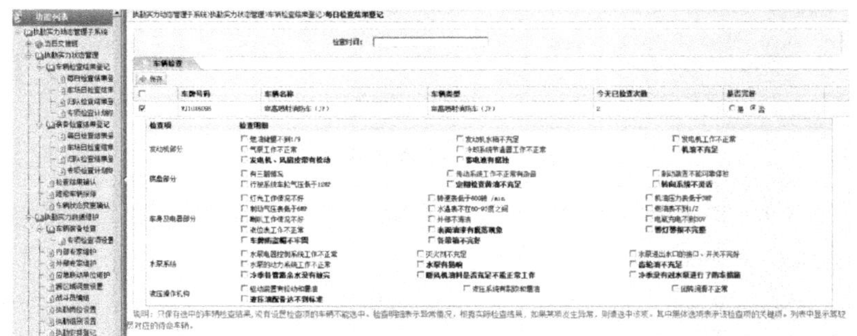

**图1-23　每日检查结果登记**

**70. 针对水源地图里出现的部分机构坐标不准确的情况,配置要点和解决方法是什么?**

**答**　配置要点:灭火系统中的机构坐标是从工作单位与人员管理模块中同步的,用户需在工作单位与人员管理模块系统中修改机构坐标,系统自动进行数据同步。

解决方法:(1) 登录工作单位与人员管理模块,进入"工作单位维护"—"单位信息维护",进入工作单位维护界面。点击左侧的需要修改的机构,在右边的页面点击"修改",进入单位信息修改界面,如图1-24所示。

(2) 点击"选择地址"按钮,系统弹出GIS地图,在"单位名称"中输入地址,然后点击"查询",如果标准地址中已有建制的地址,点击"关联"按钮完成坐标采集,如果没有已采集的地址,点击"登记地址"进行新地址采集。如图1-25所示。

图 1－24　工作单位修改

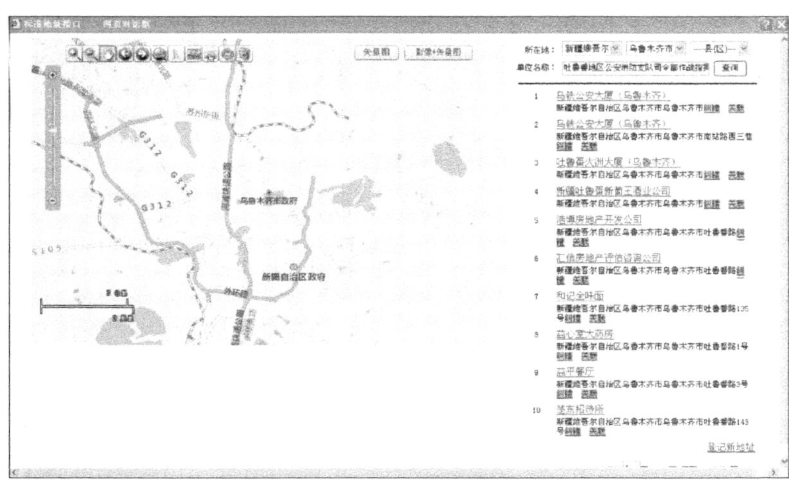


图 1－25　坐标展示页面

# 第二章
# 音视频系统与应急通信管理

## 第一节 音视频系统的操作

**1. 视频线包括哪些分类和哪些接口？**

**答** 视频线顾名思义是用来传输视频信号的，是用来传输视频基带模拟信号的一种同轴电缆，视频接口包括（HDMI、DVI、VGA、RGB、分量、S端子）。

**2. S端子的功能和用途有哪些？**

**答** S端子（S－Video）是应用最普遍的视频接口之一，是一种视频信号专用输出接口。常见的S端子是一个5芯接口，其中两路传输视频亮度信号，两路传输色度信号，一路为公共屏蔽地线，由于省去了图像信号Y与色度信号C的综合、编码、合成以及电视机机内的输入切换、矩阵解码等步骤，可有效防止亮度、色度信号复合输出的相互串扰，提高图像的清晰度。一般DVD或VCD、TV、PC都具备S端子输出功能，投影机可通过专用的S端子线与这些设备的相应端子连接进行视频输入。

**3. VGA接口的功能和用途有哪些？**

**答** VGA是video graphics adapter的缩写，信号类型为模拟类型，视频输出端的接口为15针母插座，视频输入连线端的接口为15针公插头。VGA端子含红(R)、黄(G)、篮(B)三基色

信号和行(HS)、场(VS)扫描信号。VGA 端子也叫 D-Sub 接口。VGA 接口外形像“D”,其具备防呆性以防插反,上面共有 15 个针孔,分成三排,每排五个。VGA 接口是显卡上输出信号的主流接口,其可与 CRT 显示器或具备 VGA 接口的电视机相连,VGA 接口本身可以传输 VGA、SVGA、XGA 等现在所有格式、任何分辨率的模拟 RGB+HV 信号,其输出的信号已可和任何高清接口媲美。目前 VGA 接口不仅被广泛应用在了电脑上,投影机、影碟机、TV 等视频设备也有很多都标配此接口。很多投影机上还有 BGA 输出接口,用于视频的转接输出。

**4. 什么是分量视频接口,它是否支持高清?**

**答** 分量视频接口也叫色差输出/输入接口,又叫 3RCA。分量视频接口通常采用 YPbPr 和 YCbCr 两种标志。分量视频接口/色差端子是在 S 端子的基础上,把色度(C)信号里的蓝色差(b)、红色差(r)分开发送,其分辨率可达到 600 线以上,可以输入多种等级讯号,从最基本的 480i 到倍频扫描的 480P,甚至 720P、1080i 等。分量视频接口是一种高清晰数字电视专业接口(逐行色差 YPbPr),可连接高清晰数字信号机顶盒、卫星接收机、影碟机、各种高清晰显示器/电视设备。YPbPr 是逐行输入/输出,YCbCr 是隔行输入/输出。具有这个接口的投影机可以和提供这类输出的电脑、影碟机和 DV 等设备相连,并可连接数字电视机顶盒收看高画质的数字电视节目。

**5. 为什么 BNC 接口应用比较广泛,它最大的特点是什么?**

**答** 有别于普通 15 针 D-SUB 标准接头的特殊显示器接口,或称 RGB 端子、5RCA(Red/Green/Blue/H - sync/V - sync,为了方便使用,日本一些厂商将 RGBHV 接口的接线柱做成了色差常用的 RCA(俗称“莲花头”)接头,而不是 RGBHV 常用的 BNC(螺旋锁自锁紧)形式。由 RGB 三原色信号及行同步、场同步五个独立信号接头组成。BNC电缆有5个连接头用于接收红、绿、蓝、水平同步和垂直同步信号。

**6. BNC接口的最大特点是什么？**

**答** BNC接头可以隔绝视频输入信号，使信号相互间干扰减少且信号频宽较普通D-SUB大，可达到最佳信号响应效果。可将数字信号传送至150/300 M以上，模拟可传送300 M以上。通常用于工作站和同轴电缆连接的连接器，标准专业视频设备输入、输出等领域，投影机上也很常见。

**7. DVI高清接口的应用有哪些？它有什么特点？**

**答** DVI全称为digital visual interface。目前的DVI接口有两种，一种是DVI-D(digital，所谓纯数字)接口，只能接收数字信号，接口上只有3排8列共24个针脚，其中右上角的一个针脚为空，不兼容模拟信号。另一种是DVI-I(inteface，通用接口可通过转接头兼容VGA信号)接口，可同时兼容模拟(可以通过一个DVI-I转VGA转接头实现模拟信号的输出)和数字信号，目前多数显卡、液晶显示器、投影机皆采用这种接口。两种DVI接口的显卡接口相互之间不能直接连接使用。如果播放设备采用的是DVI-D接口，而投影机是DVI-I接口，那么还需要另配一个DVI-D转DVI-I的转接头或转接线才能正常连接。DVI传输的是数字信号，数字图像信息无须经过任何转换，就会直接被传送到显示设备上，因此减少了数字→模拟→数字烦琐的转换过程，大大节省了时间，因此它的速度更快，有效消除拖影现象，而且使用DVI进行数据传输，信号没有衰减，色彩更纯净，更逼真，更能满足高清信号传输的需求。

**8. HDMI接口有哪些特点？**

**答** HDMI的英文全称是high definition multimedia，中文的意思是高清晰度多媒体接口。HDMI连接器共有两种，即19

针的 A 类连接器和 29 针的 B 类连接器。B 类的外形尺寸稍大,支持双连接配置,可将最大传输速率提高一倍。HDMI 接口可以提供高达 5 Gbps 的数据传输带宽,可以传送无压缩的音频信号及高分辨率视频信号。同时无须在信号传送前进行数/模或者模/数转换,可以保证最高质量的影音信号传送。HDMI 最远可传输 15 m,足以应付一个 1 080 P 的视频和一个 8 声道的音频信号。而因为一个 1 080 P 的视频和一个 8 声道的音频信号需求少于 4 Gb/s,因此,HDMI 还有余量。这允许它可以用一个电缆分别连接 DVD 播放器、接收器和 PRR。应用 HDMI 的好处是只需要一条 HDMI 线,便可以同时传送影音信号,而不像现在需要多条线材来连接。

**9. 矩阵切换器的功能是什么?包括哪些类型?**

**答** 矩阵切换器的功能是将一路或多路视音频信号分别传输给一个或者多个显示设备。包括的类型有:模拟矩阵 VGA 矩阵、RGB 矩阵、AV 矩阵和数字矩阵 DVI 矩阵、HDMI 矩阵。

**10. VGA 矩阵的用途是什么?**

**答** VGA 矩阵切换器专门用于对计算机显示器信号进行切换和分配,可将多路信号从输入通道切换输送到输出通道中的任一通道上,并且输出通道间彼此独立。简单地说,就是可以将进来的多路输入信号中的任意一个显示到任意一个你指定的显示器"矩阵"本身是一个数学概念,它在电子行业里是一类电子产品的简称,它的全名叫作"矩阵切换器"。具体到矩阵切换器这个电子产品中,一般指在多路输入的情况下有多路的输出选择,形成矩阵结构。

**11. RGB 矩阵的特点是什么?**

**答** RGB 系列矩阵切换器,是一款高性能的专业 PC 信号切换设备,用于多个 PC 信号输入输出交叉切换,提供独立的

RGBHV分量输入、输出端子，每路分量信号单独传输，单独切换，使信号传输衰减降至最低，图像信号能高保真输出。

**12. AV矩阵的功能有哪些？它与RGB矩阵有何区别？**

**答** AV矩阵切换器是用于声音与其同步复合视频信号的切换设备，即音视频切换器。它的输入输出接口为标准的BNC或RCA接口，可以通过软件控制、面板按钮、遥控等方式在信号输出端任意的选择输入端的音频与复合视频信号切换至音响系统与显示设备。

**13. DVI矩阵的功能是什么？**

**答** DVI矩阵切换器专门用于对DVI显示器信号进行切换和分配，可将多路DVI信号从输入通道切换输送到输出通道中的任一通道上，并且输出通道间彼此独立。

**14. HDMI矩阵的功能是什么？**

**答** HDMI(high definition multimedia interface)，高清晰度多媒体接口，是高清晰度视频设备的常用接口。HDMI矩阵，是一种专用设备，用于在多路HDMI输入和多路HDMI输出之间进行连接切换。

**15. KVM切换器的功能是什么？主要应用在哪里？**

**答** KVM多主机切换系统是键盘(keyboard)、显示器(video)、鼠标(mouse)的缩写。KVM多主机切换系统技术核心思想是：通过适当的键盘、鼠标、显示器的配置，实现系统和网络的集中管理和提供起可管理性，提高系统管理员的工作效率，节约机房的面积，降低网络工程和服务器系统的总体拥有成本，避免使用多显示器产生的辐射，营建健康环保的机房。利用KVM多主机切换系统，就可以通过一套KVM在多个不同操作系统的主机或服务器之间进行切换了。

**16. 视频显示设备都有哪些？**

**答** 视频显示设备包括电视机、监视器、投影仪、大屏等。

**17. 监视器的用途有哪些？**

**答** 监视器是闭路监控系统（closed-circuit television，CCTV）的重要组成部分，是监控系统的显示部分，是监控系统的终端设备，充当着监控人员的“眼睛”，同时也为事后调查起到关键性作用。

**18. 主流大屏有哪些类型，发展趋势是什么？**

**答** 目前市场大屏拼接主要分为：等离子大屏拼接（PDP）、液晶大屏拼接（LCD）与背投大屏拼接（DLP），显示技术发展到今天，可谓是百家争鸣、各有所长，特别是背投（DLP）、等离子（PDP）、液晶拼接（LCD）的相继推出，向人们提供了对比选择的空间。毫无疑问，它们更大、更薄，更先进是技术发展的方向，对于拼接幕墙（电视墙），也从传统的 CRT 向背投、等离子、液晶发展。

**19. 视频采集设备主要有哪些？**

**答** 视频采集设备包括会议摄像机、监控摄像头、DV 等。

**20. 音频线包括哪些分类和接口？**

**答** 音频线主要分为以下两大类：音频电信号缆、音频光信号缆。

(1) 其中，音频电信号缆包括：

① RCA（俗称莲花头音频线）非平衡，模拟数字；

② XLR（俗称卡农头音频线）平衡/非平衡，模拟数字；

③ AES/EBUTRS JACKS（俗称大三）平衡/非平衡，模拟；

④ TS JACKS（俗称大二）非平衡，模拟；

⑤ BANABA PLUG （香蕉插头）后级输出音箱线，模拟；

⑥ SPEAKON （音箱插头）后级输出音箱线，模拟；

⑦ PHONIX （凤凰插头）工程安装使用，平衡非平衡；

⑧ RJ45 （水晶头）数字，实体格式多样，依制造商而定；

⑨ BNC（Q9）数字，传输 WORDCLOCK 与 MADI 信号。

（2）音频光信号缆

光纤(optical)以光脉冲的形式来传输数字信号，其材质以玻璃或有机玻璃为主。光纤同样采用 S/PDIF 接口输出，带宽高，信号衰减小，常常用于连接 DVD 播放器和 AV 功放，支持 PCM 数字音频信号、Dolby 以及 DTS 音频信号。

**21. 调音台有哪些功能？有几种类型？**

**答** 调音台又称调音控制台，它将多路输入信号进行放大，混合，分配，音质修饰和音响效果加工。调音台按信号出来方式可分为：模拟式调音台和数字式调音台。

调音台 Mixer 在输入通道数、面板功能键的数量以及输出指示等方面都存在差异，其实，掌握使用调音台，要总体上去考察它，通过实际操作和连接，自然熟能生巧。调音台分为三大部分：输入部分、母线部分、输出部分。母线部分把输入部分和输出部分联系起来，构成了整个调音台。

**22. 效果器有什么作用？**

**答** 给音频施加效果和影响作用是改变原有声音的波形，调制或延迟声波的相位，增强声波的谐波成分等一系列措施，产生各种特殊声效。

**23. 均衡器是什么？有什么功能？**

**答** 均衡器(equalizer)，是一种可以分别调节各种频率成分电信号放大量的电子设备，通过对各种不同频率的电信号的调节来补偿扬声器和声场的缺陷，补偿和修饰各种声源及其他特殊作用，一般调音台上的均衡器仅能对高频、中频、低频三段频率电信号分别进行调节。在通信系统中，在系带系统中插入均衡器能够减小码间干扰的影响。

**24. 压限器有什么用途？**

**答** 压限器就是压缩与限制器的简称。压缩器是一种随着

输入信号电平增大而本身增益减少的放大器。限制器是一种输出电平到达一定值以后，不管输入电平怎样增加，其最大输出电平保持恒定的放大器。

**25. 功放的功能有哪些？**

**答** 功率放大器简称功放，俗称“扩音机”，是音响系统中最基本的设备，它的任务是把来自信号源（专业音响系统中则是来自调音台）的微弱电信号进行放大以驱动扬声器发出声音。功放的作用就是把来自音源或前级放大器的弱信号放大，推动音箱放声。

**26. 图像综合管理平台系统组成及接入的各类图像有哪些？**

**答** 消防部队图像综合管理平台由部局、总队、支队三级组成，指挥视频、电视电话会议、远程监控、卫星图像、3G 图像、本地图像、日常协作办公等图像子系统以及外部视频源，通过本级图像综合管理平台实现统一接入。

**27. 图像综合管理平台的关键组成设备及功能是什么？**

**答** 所谓图像综合管理平台就是实现在多种网络环境、多种系统平台、多种设备之间的图像资源的汇聚，使平台内的图像资源能被各级授权用户快速地调用和转发。图像综合管理平台由 MCU 服务器、流媒体分发服务器、视频网关服务器组成。

（1）MCU 服务器

MCU 服务器是图像综合管理平台的核心设备，支持多级树状级联、流媒体路由选择、跨网传输和转发等。主要作用为：

① 负责整个图像综合管理平台的信令的发送和转发，这些信令包括平台内音视频流的路由选择、服务器间的通信等；

② 负责图像综合管理平台的后台管理，进行图像资源树的构建和存储、设备管理、权限分配等；

③ 负责指挥视频的音视频流的转发，指挥视频的音视频流指直接接入 MCU 服务器的终端和设备，包括指挥视频、卫星视频、电视电话会议视频等。

（2）流媒体分发服务器

流媒体分发服务器只负责将视频网关服务器接入的音视频进行转发，这样可以保证在消防部队的日常管理中调用监控图像资源时不影响到应急指挥及重大活动指挥视频的使用。因为各大（中）队的营区监控、重点单位监控以及道路监控数量庞大，设置流媒体分发服务器专司音视频转发可以减轻 MCU 服务器的压力，保障系统的稳定可用。流媒体分发服务器同样支持多级树状架构、跨网传输转发等，与 MCU 服务器的区别就是不负责资源树的架构和服务器音信令的转发和调度。

（3）视频网关服务器

视频网关服务器主要是将第三方厂商的各类网络编解码器设备通过代理注册方式接入到图像综合管理平台，并将这些设备的音视频流汇聚到流媒体分发服务器作为图像综合管理平台的一个资源树节点，实现图像资源的分枝汇聚。视频网关服务器主要技术特性如下：

① 支持通用二次开发包（SDK）的二次开发，能够根据设备厂商提供的二次开发包进行定制开发，以将不同类型的网络编解码设备接入图像综合管理平台。

② 通过代理注册的方式，使第三方厂商的网络编解码设备能够像原生设备一样实现在图像综合管理平台的认证注册，并纳入图像综合管理平台的管理和集中音视频流转发。

③ 支持设备控制信令的转发，能够对前端编解码设备实现

云台控制、语音对讲等功能。

④ 目前，各大(中)队的海康、大华、科达等营区监控的编码设备，以及 3G/350 M 图传、指挥视频和卫星图像的接入，都是通过视频网关服务器来实现接入的。

**28. 各种图像资源接入图像综合管理平台的方式是什么？**

**答** 图像信号源接入方式可分为两大类：一种是协议接入方式，另一种是非协议接入方式。如图 2－1 所示。

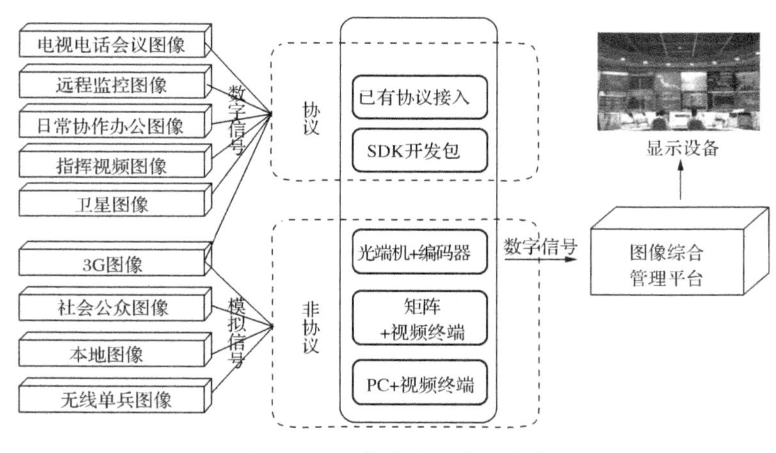


**图 2－1 图像信号源接入方式**

(1) 协议接入方式

主要有两种接入手段：一是图像综合管理平台支持的协议信号直接接入。二是通过集成设备厂商提供的 SDK 开发包，将厂商的数字信号接入。

(2) 非协议接入方式

主要有：光端机加编码器、视频矩阵加视频终端和 PC 机加视频终端三种手段接入。

无论哪种接入方式，最终都是将模拟信号转为数字信号接入图像综合管理平台。图像综合管理平台内部管理、分发的都是数字图像信号。

消防部队执勤备战常见的几类图像资源及其接入图像综合管理平台的条件和方式见表2-1。

**表2-1 消防部队执勤备战**

| 序号 | 图像资源 | 接入方式说明 | 网络条件 |
| --- | --- | --- | --- |
| 1 | 指挥视频图像和卫星图像 | 直接接入图像综合管理平台 | 指挥视频部署在指挥调度网，卫星网络需要与指挥视频网打通 |
| 2 | 电视电话会议图像 | 会议网关接入：视频会议网关同时加入到电视电话会议系统的MCU服务器及图像综合管理平台，要求原电视电话会议系统符合以下条件：<br>① 通信协议：ITU-H.323v4版本以上标准协议，H.224/H.281远端摄像机控制，H.323 AnnexQ远端摄像机控制，H.225标准协议，H.245标准协议，H.239双流标准协议；<br>② 支持视频编解码协议标准：H.264协议，H.263协议；<br>③ 支持音频编解码协议标准：G.711 alaw，G.711 ulaw，G.722-64k，G.729A，G.7221 | 电视电话会议系统部署在指挥调度网 |
| | | 模拟接入：电视电话会议系统和指挥视频终端的音视频信号接入到矩阵，由指挥视频终端负责电视电话会议系统图像的接入 | 电视电话会议系统部署在其他网络 |
| | | 直接接入：符合图像综合管理平台建设技术体制的电视电话会议系统直接接入 | 电视电话会议系统部署在指挥调度网 |

（续表）

| 序号 | 图像资源 | 接入方式说明 | 网络条件 |
| --- | --- | --- | --- |
| 3 | 监控图像 | 设备接入:前端监控设备注册在视频网关服务器,由视频网关负责监控设备的接入,要求原监控设备厂商提供 SDK 开发接口协议,视频编解码协议标准符合 H. 264 协议 | 监控系统部署在指挥调度网 |
| | | 平台接入:指已经部署的监控平台建设完整、运行稳定,由视频网关负责原监控平台的接入。需要前端设备厂商提供 SDK 开发接口协议,视频编解码协议标准符合 H. 264 协议 | |
| | | 模拟接入:通过解码器将监控视频还原为模拟信号后,将模拟信号接入到矩阵或直接输入到编码器(可多路),该编码器注册到视频网关服务器,由视频网关负责监控图像的接入;<br>对于只有监控客户端的单位,需要提供解码器将监控图像进行还原 | 监控系统部署在其他网络 |
| 4 | 3G 图像 | 设备接入:3G 终端设备通过安全接入平台进入指挥调度网,在支队视频监控网关注册,由该网关将 3G 图像发送到支队流媒体分发服务器,进入图像综合管理平台;<br>要求原监控设备厂商提供 SDK 开发接口协议,视频编解码协议标准符合 H. 264 协议 | 需要打通指挥视频与 3G 网络 |
| | | 平台接入:3G 图传系统平台与支队视频网关对接,由该网关将 3G 图像发送到支队流媒体分发服务器,进入图像综合管理平台;<br>要求原监控设备厂商提供 SDK 开发接口协议,视频编解码协议标准符合 H. 264 协议 | |

（续表）

| 序号 | 图像资源 | 接入方式说明 | 网络条件 |
|---|---|---|---|
| 5 | 社会公众图像、本地图像、无线单兵图像 | 模拟接入：通过解码器将此类视频还原为模拟信号后，将模拟信号接入到矩阵或直接输入到编码器（可多路），编码器将图像发送视频网关服务器进入图像综合管理平台；对于只有监控客户端的单位，需要提供解码器将监控图像进行还原 | 编码器部署在指挥调度网 |

**29. 列举一个指挥调度会议会场必不可少的设备？**

**答** 指挥调度网络、指挥视频终端、图像显示设备（显示器、大屏、视频线）、音频输入输出设备（麦克风、音响、音频线）、图像采集设备（摄像机、视频线）、鼠键。

其他不必要但经常使用的有音视频矩阵、调音台、视频分配器等。

**30. 在指挥调度会议中，如何快速方便地调取会议监控类设备，如单兵、营区监控等设备的图像？**

**答** 快速调取图像方法：在图像资源数上将单兵或者监控设备拖拽至会议列表中的会议设备节点上，然后拖拽该设备图像至显示屏。

普通方法：在资源数直接拖拽该设备图像至图像显示屏。

**31. 建立、召开视频调度会议的操作步骤是什么？**

**答** 在“常用会议”下添加一个新的会议分组，在资源树上拖拽会议成员至新的会议分组。右键新的会议分组选择召开会议，主持人对会议进行控制（根据情况决定是否启用视频合成服务器，在会议中进行模板设置、音视频广播等操作）。点击右上角关闭按钮，结束会议，所有人退出会议。

**32. 视频调度会议中视频合成服务器主要设置参数有哪些？**

**答** 合成屏设置为图像广播屏，编码器为 H.264 HP；分辨

率为 1280×720;视频码流为 1.5 M;图像帧率为 30 帧;码流控制为专线。

注意:有卫星视频设备和 3G 车载在会时可适当降低码流。

**33. “窗口”属性功能是什么,在会议中怎样启用“窗口”属性?**

**答** 功能描述:未启用“窗口”属性时,图像拖拽到空白窗口后,音视频属性为单接音视频。启用“窗口”属性后,图像拖拽到空白窗口后,音视频属性为设置后的属性,如广播视频、广播音视频等。

启用方法:召开会议后,右键空白窗口,在窗口属性中选择需要设置的窗口属性。属性设置完成后勾选终端功能栏上“窗口”按钮。

注意:会议中同一时间只有一个主持人可以启用窗口功能。

**34. 卫星视频设备入网后,会议终端需要哪些操作?**

**答** 首先,设置终端卫星网网络。其次,在总队图像综合管理平台申请登录账号和设备账号。然后,点击“选项”—“音视频设置”进行本地音视频测试。最后,向消防局控制室申请卫星链路,并与消防局控制室和总队指挥中心进行音视频测试。

注意:填写账号登录时务必加上总队域名。

**35. 总队、支队、大中队建立多级会议的操作方法是什么?**

**答** 首先,总队 MCU 机构管理员在 MCU 管理页面的会议管理中添加会议,会议类型为多级会议。然后,总队、支队 MCU 机构管理员分别在总队和支队 MCU 管理页面的会议管理中进行会议人员管理添加会议人员。总队管理员添加总队和支队人员,支队管理员添加支队和大中队人员。

注意:会议中设置主持人不要超过 2 个,支队指挥中心可在支队平台设置为协管员,用于查看下级大中队是否入会。

**36. 视频终端与显示设备距离较远，超出鼠标键盘有效控制距离，如何可以实现远距离的显示和控制？**

**答** 方法一：增加 KVM 设备，显示和控制信号通过网络实现远距离传输。方法二：使用 VNC 软件进行远程显示和控制(软件连接具有显示延迟)。

**37. 指挥视频会议系统怎样与其他会议系统进行背靠背连接？**

**答** 指挥视频终端音视频输出信号发送给其他系统终端的音视频输入。

其他系统终端的音视频输出信号发送给指挥视频终端音视频输入。信号传送可以采用音视频线材直连方式，也可以采用接入音视频矩阵切换的方式进行连接。

**38. 支队如何使用总队共享的视频合成服务器？**

**答** 召开会议后，右键会议名称，选择"查看共享视频合成服务器"，在共享窗口中需要选中 1 台视频合成服务器，设置合成屏后点击启动。

**39. 为什么图像综合管理平台 MCU 连接好电源线后，按开机键，MCU 无法上电？**

**答** 请查看图像综合管理平台 MCU 电源处的电源开关是否打开，1 为 ON，0 为 OFF。

**40. 为什么图像综合管理平台 MCU 通过超级终端无显示？**

**答** 请检测 COM 口连接线的连接是否正常，并通过设备管理器查看 COM 口信息，确认超级终端所选择的 COM 口，是 COM 口线所连接的 COM 口。

确认上面的信息都正确后，超级终端依然无法显示时，关闭超级终端程序，打开任务管理器查看进程。把 rundll32. exe 和 nvsvc32. exe 的进程全部结束掉。然后重新打开超级终端程序。

结束进程后，超级终端还是无法显示时，关闭超级终端程序并重启机器，重启后确保 rundll32.exe 和 nvsvc32.exe 的进程没有启动，然后再打开超级终端程序。

**41. 图像综合管理平台 MCU 服务器无法正常登录，如何解决？**

**答** 首先检测登录的 MCU 服务器地址、用户名和账号是否正确，然后通过指挥视频终端的管理工具中的网络测试对 MCU 服务器进行 ping 操作，如果网络不通，检测终端或者 MCU 服务器是否开启或网络连接是否正常。

如果网络正常，则用 PC 机在命令提示符下进行 telnet 操作，命令格式为：telnet IP 端口号(4222)，如 telnet 10.2.2.198 4222，如果弹出一个没有任何提示的黑屏则服务端口正常，请检查终端版本相关信息；如果提示连接失败，则 MCU 服务器服务模块没有启动，请重新启动 MCU 服务器再进行测试；如果还是不能正常登录，向设备供应商报修。

**42. 为什么终端有时候无法登录 MCU？**

**答** 无法登录 MCU 时，登录窗口上会有相应的提示信息，可以根据窗口上的提示信息或参照以下方法调试：

(1) 检查终端物理接线是否有问题，查看网络是否正常；

(2) 查看软件的登录设置是否有问题，登录的 MCU 地址、账户和密码是否输入正确；

(3) 在登录窗口有一个 MCU 设置，点击进去后，可以测试终端与 MCU 之间的带宽上下行是否正常，如果上下行为 0，请检查网络；

(4) 重启终端是否能解决；

(5) 查看其他终端是否一样无法登录，如果是，那说明是 MCU 的设置问题，请联系厂家技术支持。

**43. 终端开机后，在快进入九宫格界面时显示器黑屏无显示，原因是什么？如何解决？**

**答** 此问题有可能是修改了终端的分辨率导致的。如果是修改了终端不支持的分辨率或者设置的分辨率超出显示器范围，会出现此问题。解决方法有两种：一是找一台高分辨率的显示器接上终端，然后将分辨率改为正常值；二是在系统在即将进入九宫格前，按键盘上的"D"键设置显示器分辨率。如果不是修改了分辨率导致黑屏的，请检查显示器连线是否正常，其次查看是否是矩阵将显示屏切换到了别的屏。

**44. 会议中与其他总队/支队音视频互通时会听到电流声或回音？**

**答** 请先确认是否有接入调音台，判断电流声出现在哪一方，然后由简入深一步步调试：

先将麦克风和音响直接接入终端进行音视频互联互通，查看电流声是否还存在；

将本地音响的音量稍微调小，避免出来的声音又从麦克风返回来；

在调音台上进行调试，一边进行音视频通话，慢慢将问题定位修改；

最后调音台还是无法解决的，请直接跳过，直接将麦克风和音响接入终端尝试。

另外还请注意，有些音频问题是由环境造成的，如采用全向麦克风、无线话筒，麦克风和音响离得太近等，排查时也要注意。

**45. 总队无法看到支队终端上线，原因是什么？如何解决？**

**答** 请支队先检查本地的设备账号是否输入有误，终端第一次登录时，会在右下角弹出提示信息，提示登录成功还是失败，失败的提示信息有两种：

① 序列号被其他设备绑定。这个提示说明当前使用的设备账号已经被其他终端使用过了，或者该终端曾经登录过其他设备账号，导致账号和序列号绑定了，解决方法就是在后台页面找到相应的账号，解除序列号绑定即可使用，一般情况下不建议频繁更换设备账号登录；

② 无效的监控设备账户。这个提示说明当前使用的设备账号填写有误，与 MCU 后台里的账号不一致，请检查输入是否有误，特别是账号前后不允许有空格。

还有一种可能就是总队用户是否分配了监控权限，如果没分配，会导致其在资源树上看不到设备上线。

**46. 视频会议系统会议中有发言人，其他终端能听到声音，但本方听不到到声音或者非常小，简要介绍一下排除方法？**

**答** （1）确认外置播放器连接无误；

（2）若使用电视机作为视频输出设备，则需确认此时的声音输入通道是否和视频输入通道在同一组内；

（3）声音输出设备和发言人终端声音输出音量是否过低；

（4）通过调节输出音量，确认终端没有做静音操作，即画面中没有图标。

**47. 视频终端突然掉线或者终端登录失败，需要检查哪些因素？**

**答** 首先，查看掉线终端（提示网络连接失败，28 s 后重新连接）。

如果发现全部设备掉线，直接进行下一步。

个别终端掉线：查看该终端网络与服务器是否正常。卫星视频终端在登录窗口 MCU 设置中测试终端与服务器网络的上下行带宽。

然后，检查网络。

采用终端网络测试，测试终端到 MCU 服务器地址网络。如果网络正常，则直接进行下一步；如果无法 ping 通或丢包严重，则检查服务器网络问题。

最后，检查 MCU 服务及磁盘空间。

ssh 连接 MCU，检查分别输入 ps－A|grep HP 和 df－h 检查 HPCENTER 服务是否在线和磁盘空间。必要时检查该图综平台 MCU 的从 MCU 或者 MTS 是否启动了两个服务。

**48. 视频终端登录后右下角提示设备上线失败，无效的设备账号，原因是什么？卫星视频终端登录公安部消防局服务器需要做哪些检查？**

**答** 原因：设备账号、密码填写错误。查看“选项”—“设备终端”中填写的设备账号、密码是否正确。如果是卫星视频终端，还需要检查设备账号是否填写了总队域名。

**49. 视频终端登录后右下角提示序列号已被其他账户绑定，原因是什么？如何解决？**

**答** 原因：该设备采用其他设备账号登录过，序列号已被绑定。解决：机构管理员登录 MCU 管理页面，在设备管理中找到该设备填写的账号和以前曾经登录过的账号，进行勾选，清空序列号。

**50. 部分营区监控图像或者其他厂商单兵显示信号中断，如何解决？**

**答** 首先，部分设备只进行了一种编码，无子码流。终端上选择采用高码流进行接收。然后，检查单兵网络是否正常。最后，网关服务版本较老，而监控或者其他厂商单兵设备较新，未进行过对接测试，需要升级网关服务(需要研发人员进行确认)。

**51. 指挥视频设备与3G车载设备进行通信时，3G车载终端无法看到图像，收听声音正常，如何解决？**

**答** 检查会议中是否启用了视频合成服务器，并且选屏和合成屏一致。

**52. 3G车载设备登录失败，提示用户未设置，设备未设置，如何解决？**

**答** 首先，检查3G车载拨号是否成功；然后，采用网络测试，检查3G车载到服务器网络是否可以ping通；最后，检查创世服务器服务是否运行正常，在图综MCU是否处于激活状态（同时可以采用指挥网电脑测试3G车载客户端分别登录图综MCU和创世服务器是否正常，排除平台对接问题）。

**53. 3G车载拨号失败，提示报错信息，如何解决？**

**答** 首先，查看其他同类设备是否正常，避免为电信卡资费问题导致的拨号失败；然后重启终端（重启拨号模块），或者关机重新插拔卡后再开机看是否解决；尝试去掉vpdn拨号，注册失败后再次勾选vpdn查看是否解决；如果仍无法解决，需要重启时按F2进行系统恢复，然后在升级客户端查看是否正常；如果是新设备，必要时联系厂家软硬件研发检查是否为软件拨号程序和硬件模块不兼容；仍未解决需要返厂检测硬件模块是否损坏。

**54. 进行会议时，讲话者听到自己回音，如何排除？**

**答** 首先，确定会议中是否接收了其他与会者的音频，逐一关闭接收到的其他与会者的音频，确定声音来源。如果回音清晰、偏小，请确认该与会者是否开启了麦克风。如果声音严重变形、有嘶嘶声且时有时无，需要确认该与会者设备输出的声音是否通过调音台又输入到设备的输入接口（即别人讲话时，该与会者的麦克风输入进度条是否出现较大波动）。

**55. 电视墙控制端获取不到电视墙服务端模板,导致图像无法上墙,如何解决?**

**答** 首先请检查电视墙服务端是否登录成功,其次检查电视墙控制端设置里是否与服务端做了关联,接着再排查是否是因为矩阵切换将服务端的显示输出切给别的设备了。

**56. 电视墙服务端如何退出?**

**答** 在右上角有一个关闭按钮,默认是隐藏的,必须要将鼠标移至右上角的范围内,才会弹出关闭按钮。

**57. 消防部队语音综合集成的原理、语音综合管理平台的组成及功能是什么?**

**答** 语音集成是将消防部队使用的短波、超短波,公网的手机、电话,卫星电话等话音资源汇接到统一的语音综合管理平台,实现在多种网络环境、多种系统平台、多种设备之间语音资源的互联互通。

平台组成及功能:语音综合管理平台是由硬件设备和综合管理软件两部分构成。语音综合管理平台的硬件部分由交换控制单元、无线信道控制单元、环路中继单元、内线用户单元组成,实现各类语音资源的汇集接入、信号处理和交换;语音综合管理的平台软件由本地调度台、调度软件等组成,实现有/无线呼叫转接以及电话会议等各种调度功能,对接入的各类语音资源进行调度管理、构建资源树,监测系统的运行状态,对系统的各类硬件模块进行参数设置和维护,对系统的信道进行控制,并为一体化软件业务平台提供软件接口。

**58. 语音综合管理平台系统网络是如何构成的?**

**答** 语音综合集成分三级语音综合管理平台,实现四级部署。在部局、总队、支队建设语音综合管理平台及全网调度管理及一体化接口软件系统,大(中)队部署语音终端,实现全网消防部队各语音通信系统横向、纵向的互联互通。并将卫星通信或短波通信作为远程应急救援时的话音通道，实现端对端的350 M无线常规通信，如图 2－2 所示。

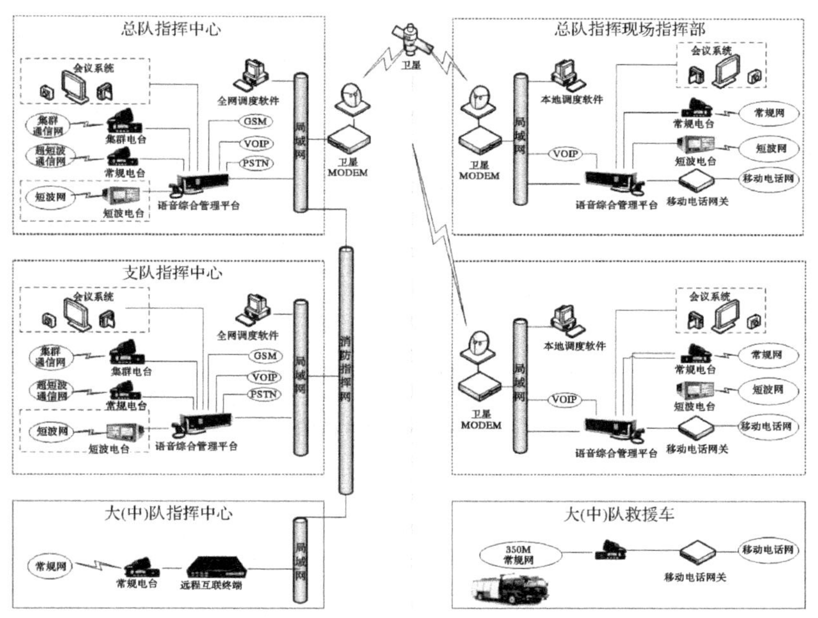


图 2－2　语言综合管理平台系统网线

**59. 总队级单位语音综合管理平台的配置及接入平台的语音设备有哪些？**

**答**　总队指挥中心配置语音综合管理平台 1 台，至少接入 1 路值守信道电台、1 路指挥中心音视频会议系统调音台、1 路 VoIP 网关、1 路调度电话交换机、1 路市话电话交换机，已配备短波基地电台的必须接入，其他通信设备根据本总队业务实际接入。为配合语音综合管理平台的操作使用，总队指挥中心应配备专用席位，配备语音综合管理平台调度终端，配置调度电话、电台，如图 2－3 所示。

接入平台的话音设备包括：短波电台、350兆常规、350兆集群、调音台、VoIP电话、总队内线/外线中继、与部局及各支队语音平台互连的IP通道。

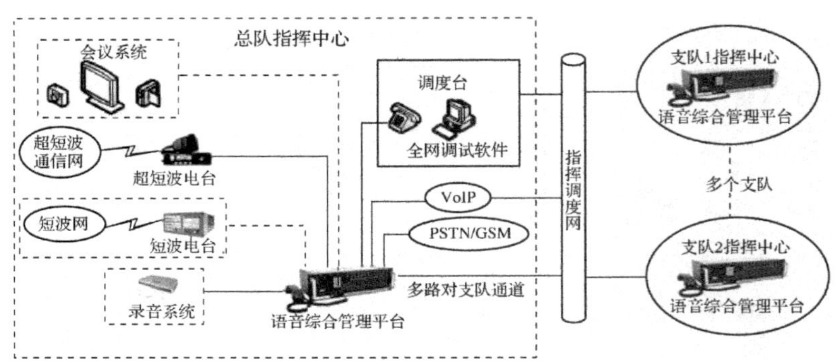


图2-3　总部队指挥中心的配置

**60. 简述支队级单位语音综合管理平台的配置及接入平台的语音设备有哪些?**

**答**　支队指挥中心配置语音综合管理平台1台，至少接入1路值守信道电台、1路指挥中心音视频会议系统调音台、1路VoIP网关、1路调度电话交换机、1路市话电话交换机，已配备短波基地电台的必须接入，其他通信设备根据本总队业务实际接入。为配合语音综合管理平台的操作使用，指挥中心应配备专用席位，配备语音综合管理平台调度终端，配置调度电话、电台，如图2-4所示。

接入平台的话音设备包括：短波电台、350兆常规、350兆集群、调音台、VoIP电话、支队内线/外线中继、与部局、总队、各大(中)队远程互联终端的IP通道。

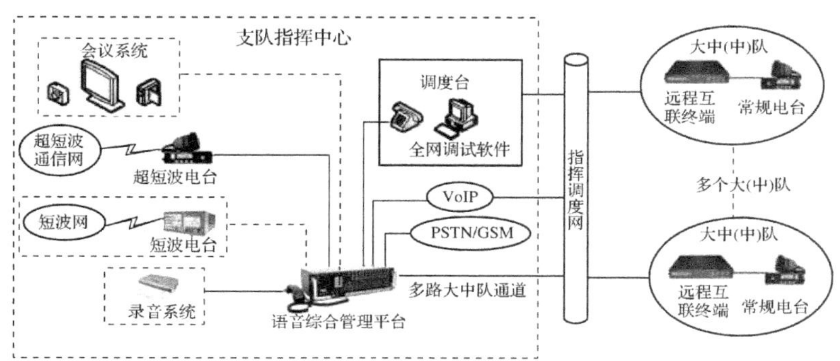


图 2-4　支队指挥中心的配置

**61. 简述中队级单位语音综合管理平台的配置及接入平台的语音设备有哪些?**

**答**　大(中)队配置远程互联终端利用指挥调度网,实现将本地 350 兆常规通信网与支队、总队、部局语音平台的互联互通。上级单位可通过电话、电台等任意方式实现与大(中)队 350 兆通信网的互通。

大(中)队通信员配置 RLINK,实现灭火途中及救援现场 350 兆常规通信网与支队、总队、部局语音平台的互联互通。上级单位可通过电话、电台等任意方式实现与大(中)队 350 兆通信网的互通。

**62. 如何检测判断中队远程互联终端工作状态情况?**

**答**　(1) MAIN POWER 为电源指示灯,运行状态绿色常亮。

(2) NXU-2A 前面板的"LINK ACTIVE"灯亮起,表示 NXU-2A 与对端 IOC-1200 的 DSP 模块已经连通。

(3) 大(中)队手台讲话时,CHANNEL ACTIVE 指示灯绿色常亮,"AUDIO INPUT"灯闪烁。

**63. 语音综合管理平台日常使用注意事项有哪些？**

**答** (1) 不要使用与语音平台连接的电台(车载台、短波电台),要使用同频率的其他电台讲话。

(2) 一方一定要听到对方讲话后的“咔嚓”挂断音后,方可按住手台 PTT 发起语音呼叫。

(3) 由于电话是双工通信,电台是单工通信,当电话与电台(对讲机或短波电台)通信时,电话要在相对安静的环境,保证电话接听时不要有其他的声音进入电话 MIC。

**64. 语音综合管理平台每个模块具体连接的规划是什么？**

**答** 语音综合管理平台建设完成后,为保证平台系统的统一应用,IOC－1200 可接入 0～12 路模块,每路模块具体连接规划见表 2－2。

**表 2－2 语音综合管理平台的模块规划**

| 模块编号 | 模块类型 | 连接设备 |
|---|---|---|
| 00 | 手柄模块(HSP) | IOC－1200 主机自带手柄 |
| 01 | 本地无线接口模块(DSP－2) | 短波电台 |
| 02 | 本地无线接口模块(DSP－2) | 350 M 常规电台 |
| 03 | 本地无线接口模块(DSP－2) | 集群电台 |
| 04 | 本地无线接口模块(DSP－2) | 会议系统调音台 |
| 05 | IP 话路模块(DSP－2) | 消防指挥调度网 |
| 06 | IP 话路模块(DSP－2) | 消防指挥调度网 |
| 07 | IP 话路模块(DSP－2) | 消防指挥调度网 |
| 08 | IP 话路模块(DSP－2) | 消防指挥调度网 |
| 09 | 环路中继接口模块(PSTN) | CTI 排队机 |
| 10 | 环路中继接口模块(PSTN) | CTI 排队机 |
| 11 | 环路中继接口模块(PSTN) | 电话交换机 |
| 12 | 环路中继接口模块(PSTN) | VoIP 电话网关 |

**65. 语音综合管理平台本地电台听不到远端声音，如何解决？**

**答** （1）检查设备是否加电，第2路DSP模块的Fault指示灯亮说明硬件故障。

（2）测试车台与手台能否通话。

（3）使用软件把主机手柄（第0路）与电台（第2路）建立通信组，使用手柄讲话时，观察电台无线模块PTT处于常亮。

**66. 语音综合管理平台远端电台听不到本地声音，如何解决？**

**答** （1）检查设备是否加电，第2路DSP模块的Fault指示灯亮说明硬件故障。

（2）测试车台与手台能够通话。

（3）使用手台讲话时，模块指示灯正常状态：COR绿色常亮，Single黄色灯闪烁。

**67. 语音综合管理平台设备不在线，如何解决？**

**答** 设备不在线时，可以使用IP－SETUP软件检查设备地址是否正确，能否找到设备，如图2－5所示。

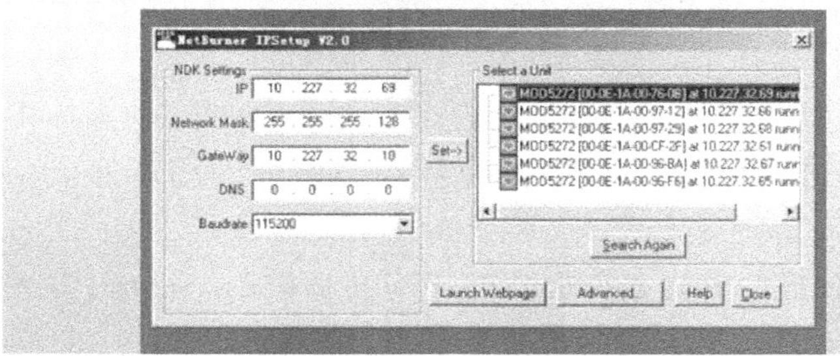


**图2－5 检查设备**

## 第二节　应急通信组织

**1. 架设天线要特别注意的事项有哪些？**

**答**　架设位置以开阔地面为好，或者楼顶，不要随便；尽可能缩短馈线长度，不要折叠，大于 120 度角；天线、馈线、电台（或者转信台）阻抗一致，才能匹配，才能实现无损耗连接，确保通信效果；加装阻抗匹配器；天线特性阻抗比较高，一般为 600 Ω，天线不能直接与射频电缆连接，中间必须加装阻抗匹配器；接地；减少接收噪声，减少发射驻波；埋设接地体和连接地线，包括接地网；接地电阻小于 4 Ω。

**2. 目前全国消防部队已经建立了由 1 个全国网管中心站、31 个总队分中心站及 203 个卫星地面站组成的公安消防部队卫星通信网，其业务需求有哪些？**

**答**　(1) 能实现在任意时间、任意地点建立灾害现场与部局指挥中心或属地公安消防总队指挥中心的综合业务数据的互联互通。

(2) 能实现全国范围在同一时段内有 2 个灾害救援现场或演练现场，每个现场有 4 个移动卫星站需要将综合数据业务传输至属地总队指挥中心或部局指挥中心。

(3) 能实现在特大灾害救援现场，构建由部局移动指挥中心、灾害地总队和增援总队移动指挥中心组成的移动通信指挥网。

(4) 能与地面有线通信网络和无线通信网络相结合，互为补充、支持，实现天地一体的通信网络。

**3. 以某总队装备的1.2 m静中通天线为例，它的操作要点有哪些？**

**答** （1）控制面板

天线展开，将控制天线转动到天线的展开位置。

输入星位，使天线转动到由输入卫星经度求出的天线预置角度上。

修改主频，可键入需要设置的信标频率，修改完毕后按确认键即可将跟踪接收机的主频设置到指定频率。

设置GPS，允许手动输入本地经纬度信息。

设置罗盘，允许手动输入天线姿态信息。

预置卫星，控制系统内置5颗常用卫星。

新增卫星，用户可手动新增3颗卫星。

对星，控制天线执行扫描程序。

监测，监测天线各限位及传感器的状态。

方位正转，天线方位顺时针转动。

方位反转，天线方位逆时针转动。

俯仰向上，天线俯仰向上转动。

俯仰向下，天线俯仰向下转动。

极化正转，天线极化顺时针转动。

极化反转，天线极化逆时针转动。

复位，将天线方位俯仰极化归零。

停止，在任意时刻让方位俯仰极化停止转动。

天线收藏，完成天线收藏。

（2）对星准备

前面板手动控制区的自控/手控开关打到自控方式；前面板两个转动/停止开关打到停止方式；后面板上各电缆连接正确并保持牢固。

检查供电是否正常，打开控制机箱电源，打开驱动机箱电源。

控制机箱上电后，显示工作界面。系统工作状态栏显示系统正在进行初始化。初始化完毕后屏幕上方的文本框中会显示出相应的天线角度数据、AGC 电平及电子罗盘数据。当某路信号未及时采集到，系统会自动反复采集，直到数据有效或到设定的初始化最大时间（约为 20 s），系统初始化结束。如果某路信号因故障未采集到，系统状态栏会自动提示并报警。

（3）对星

按 F2 进入功能选择。选中天线展开。按回车键确定后，天线转动到初始工作位置。

按 F2 进入功能选择。选中星位定位，依提示输入目标星经度，按回车键后，天线自动运行到预置角度位置。

按 F2 进入功能选择。选中极化调整，依提示输入目标星经度，按回车键后，依提示输入极化方式，按回车确认。系统计算出预置极化角度，再次按下回车，极化自动运行到预置角度。

按 F2 进入功能选择，选中扫描搜索，天线将在此位置附近进行 Z 形扫描，扫描完成后，即对星阶段完成并自动进入跟踪状态。

（4）收藏天线

按 F2 进入功能选择，选中天线收藏，此时天线会自动落回到收藏位置。完毕后，将提示天线俯仰下限位，天线 EL 指示灯变橙色，天线收藏结束。

按 F2 进入功能选择，选中记忆退出，退出系统程序。

关闭驱动器电源，关闭控制机箱电源。

**4. 便携式卫星天线有哪些具体操作步骤?**

**答** (1) 手动式天线

以某型号手动式便携站天线为例,说明其操作要点。

① 天线组装

天线结构如图 2-6 所示。

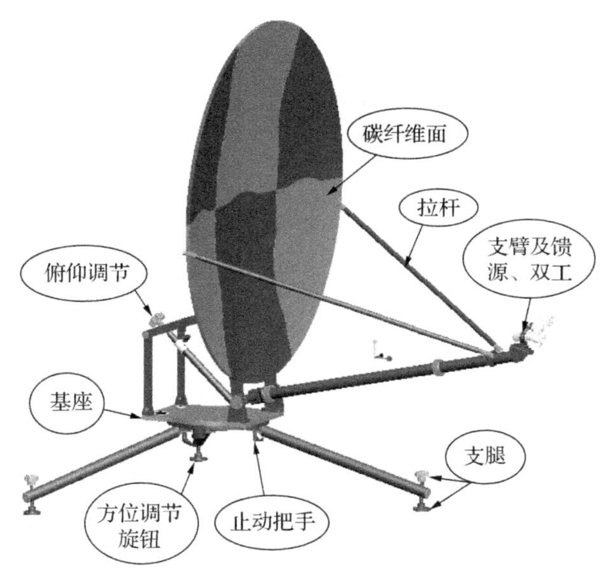


**图 2-6 便携站天线结构**

② 使用对星仪对星

连接与设备箱之间的 USB 线缆,打开对星仪,如图 2-7 所示。

点击“接收机连接”,波特率选择 19200/9600/4800。

在“参数设置”中选择下列参数(底色白色为可选,灰色为只读):

卫星选择:XXX;

接收极化方式:XXX;

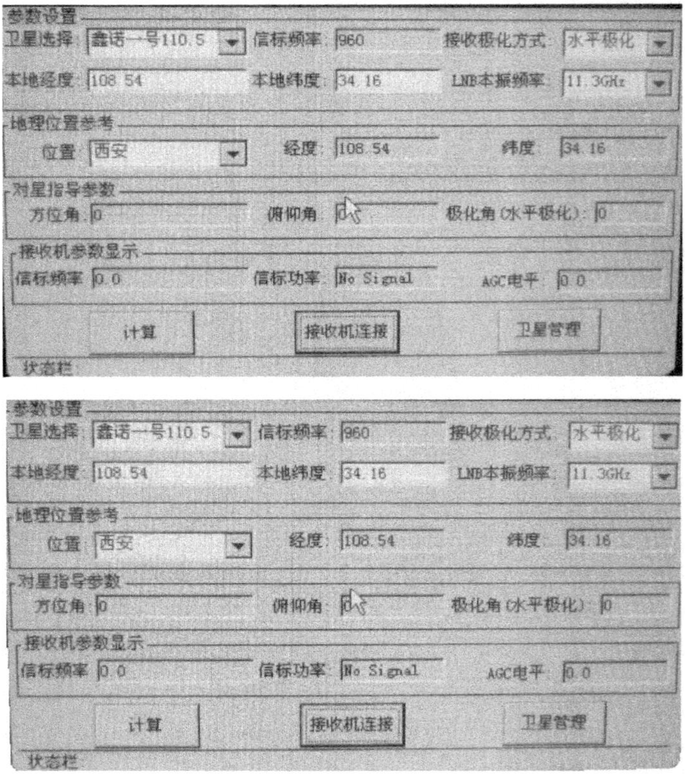

**图 2－7　对星仪操作**

本地经度：可在“地理位置参考”中选择；

本地纬度：可在“地理位置参考”中选择；

LNB 本振频率：11.3 GHz。

参数设置好后，显示信标频率、信标功率、AGC 电平。

点击“计算”，在对星指导参数中会显示出方位角，俯仰角，极化角(水平极化)三个参数来指导对星。

旋转天线俯仰，参考指导对星参数中的数据，将天线的俯仰角旋至计算出的度数。

旋转天线方位，参考指导对星参数中的数据，将天线的方位角旋至计算出的度数。

旋转天线极化，参考指导对星参数中的数据，将天线的极化角旋至计算出的度数。

由于指导的极化角度始终为水平极化，当使用垂直极化接收时，请在计算出的角度上加 90 度，即为垂直极化角度。

当天线俯仰，天线方位，天线极化角度都旋至指导数据后，观察对星手持机上的 AGC 电平指示，应有数值显示，此时依次微微调动俯仰，方位，极化角，使 AGC 电平达到最大值，即完成对星。

链路确认，观察 DVB 接收机上的 LOCK 指示灯是否为常亮，如图 2－8 所示，且 ALARM 灯灭，常亮后可开启功放开关，进行链路连通。

**图 2－8　DVB 接收机上的指示灯**

观察 CDM－570L 的 TX TRAFFIC 灯是否为闪亮，如图2－9所示，闪亮后联系公安部消防局网管中心，进行链路调配，使用各项业务。

③ 使用频谱仪对星

开启频谱仪，将中心频率（CENT）设置为卫星的信标频点。

设置带宽（SPAN）为 2 MHz，按“Shift”键—按“2（SPAN）”键—按数值“2 MHz”键—按“Enter”键。

按“Mode”键切换模式，一般切换至“N－FM”（窄带调频）

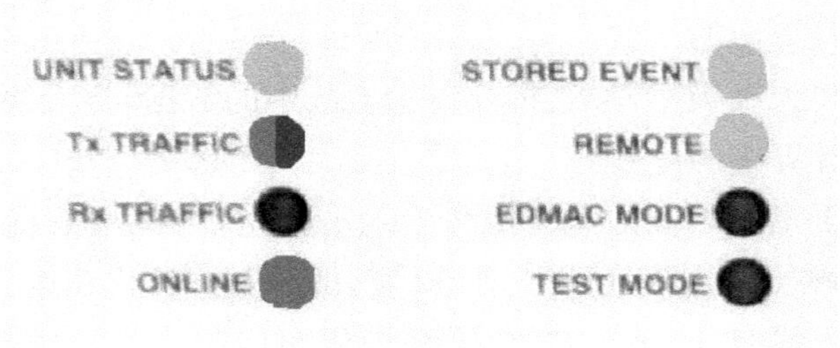


**图 2－9　CDM－570L 状态指示灯**

模式。当前模式显示在屏幕的左上方。当选择至“N－FM”模式时，带宽自动设置为 2 MHz。

设置参考电平(LEVEL)，按“Shift”键—按“3(LEVEL)”键—按右下方的上、下键使得参考电平至合适值—“Enter”键，再按上、下键调整每格的电平值(5/10/15/20)，再按“Enter”键。

观察频谱仪中心频率上的信标值，缓慢调整天线的方位和俯仰位置，直到中心频率上的信标最大为止。

当天线对准卫星后，IRD 接收机(CMR－5975)的“Lock”灯状态为常绿。

(2) 自动式天线

将电源线，控制线插入到相应的插座。电源通电后，用 PDA 控制器或者手动旋柄将天线展开；将其余几瓣天线面拼装好，并将卡扣锁紧。

在 PDA 控制器中操作，进入到主界面后。进行手动对星或一键式自动对星操作。在操作主界面选择“参数设置”—“自动设置”—选择卫星名称和极化方式—“开机”。参数设置完成后，如果对同一颗卫星，那么只要在打开 PDA 后操作主界面上选择“开机”即可。天线会在 PDA 控制器指令下进行自动寻星，寻找到正确的位置后，天线会停留在此位置。

**5. 卫星便携站由哪些设备组成?**

**答** 卫星便携站由天线系统,卫星功放,LNB,设备箱(CDM570L、CMR5975、华平终端、VOIP 网关、交换机等),发电机,摄像机、显示器、音响,线缆等组成。

**6. 卫星通信中,电磁波的传播主要面临以下的损耗:自由空间损耗、大气损耗、雨衰,降雨/降雪对卫星信号会造成什么影响?**

**答** 信号衰减、接收站 G/T 值(接收天线增益与系统噪声温度之比,是衡量系统性能优劣的一项重要指标)劣化、极化隔离度变差。

**7. 雨衰大小与什么因素有关? 可通过什么措施补偿?**

**答** 与卫星轨道位置、地球站位置(所处雨区)、天线仰角、海拔高度、频段、极化及降雨率等有关;其中,上行雨衰可通过增加上行站发射功率进行补偿,下行雨衰可通过加大接收天线口径来补偿。

**8. 水平极化的降雨衰减量比垂直极化的降雨衰减量稍大还是稍小?**

**答** 稍大。

**9. GIS 坐标的采集步骤是什么?**

**答** 步骤一:点击"选择地址"按钮,系统弹出 GIS 地图,坐标展示页面操作口;

步骤二:在"单位名称"中输入地址,然后点击"查询",如果标准地址中已有建制的地址,点击"关联"按钮完成坐标采集,如果没有已采集的地址,点击"登记地址"进行新地址采集;

步骤三:关闭地图页面,在建制维护页面可看到 GIS 坐标已采集。

**10. 静中通天线应做哪些维护?**

**答** (1) 机械传动系统

卫星通信车在不使用时停放在专用车库内。避免传动系统生锈或尘土进入使天线无法正常工作,每三个月运行天线一次,并根据气候、湿度等工作环境,每六个月或者一年清洁除尘天线面、喇叭膜表面,检查并根据情况更换馈源支架上的橡胶垫。增加俯仰以及俯仰气弹簧两部分润滑脂。

(2) 气弹簧部分

给天线控制器加电,展开天线后观察天线俯仰的气弹簧以及活动轴是否有生锈现象、灰尘等杂物,清除灰尘等杂物并且涂抹适当硅油润滑脂(HP100),然后收藏天线再展开,反复两到三次后观察油膜是否均匀覆盖,无收藏和展开噪音。

橡胶垫根据实际情况进行更换,根据使用时间和气候条件,可三年更换一次。

(3) 俯仰部分

通过俯仰传动系统加油孔用油枪将 2 号通用锂基润滑脂(GB 7324—87)注入蜗轮。

(4) 伺服系统

车顶的电缆接头应六个月检查一次电绝缘胶带和自黏防水胶带,车顶电缆应有走线管保护。虽然伺服控制系统经过了严格防震性能的测试,但仍应半年检查一次连接电缆线和机箱的固定螺丝是否有松动,地线连接是否紧固。

**11. 在灾害现场无线通信设备的通信距离常常不尽人意,怎样才能提高对讲机的通信距离?**

**答** (1) 提高发射功率。对讲机都有高、低或高、中、低几挡发射功率可调,也会带来耗电量增加,电磁辐射及干扰增加等负面影响。

(2) 尽量架高天线。调整(长度、高度、方向)对讲机的天线可以增加通信距离。

(3) 提高接收灵敏度。对于用户而言,可以适当调整对讲机的静噪阀值,还可以通过换用高增益天线的方式来相应提高对讲机的接收灵敏度。

(4) 尽量选择开阔地带通信。在室内使用对讲机时应尽量选择靠近窗口位置,户外使用则要避开周围高大建筑物或树木的阻挡。

(5) 养成良好的使用习惯。平时注意经常检查对讲机的电池电量是否充足,天线连接是否牢固,拉杆天线是否完全拉出等,这些因素都直接影响对讲机的发射功率和接收灵敏度,进而影响通信距离。另外,不使用破损、变形的天线。

**12. 应急通信联络根据任务不同通常区分为哪几种?**

**答** 区分为指挥通信、协同通信、报知通信、后方通信等。

**13. 当发生地震等重特大灾害事故后,增援通信人员需要携带的 72 小时自我保障物资有哪些?**

当发生地震等重特大灾害事故后,增援通信人员需要携带的 72 小时自我保障物资见表 2-3。

**表 2-3　72 小时自我保障物资**

| 名称 | 单位 | 数量 | 备注 |
|---|---|---|---|
| 指南针 | 个/人 | 1 | 列表为必配物资,各地可结合实际,增配个人保障物品 |
| 哨子 | 个/人 | 1 | |
| 雨衣 | 件/人 | 1 | |
| 简易洗漱用品 | 套/人 | 1 | |
| 防潮垫 | 个/人 | 1 | |
| 睡袋 | 个/人 | 1 | |

（续表）

| 名称 | 单位 | 数量 | 备注 |
|---|---|---|---|
| 口罩 | 个/人 | 10 | |
| 内衣裤 | 套/人 | 2 | |
| 袜子 | 双/人 | 2 | |
| 瑞士军刀 | 把/人 | 1 | |
| 水质净化片 | 盒/人 | 1 | |
| 急救包 | 个/人 | 1 | |
| 军用水壶 | 个/人 | 1 | |
| 饭盒（含刀叉） | 个/人 | 1 | |
| 高能量食品 | 袋（盒、包）/人 | 确保3天 | |
| 饮用水 | 升/人 | 6 | |

**14. 跨区域增援出动时应携带的通信器材及用途是什么？**

**答** 跨区域增援出动时，按照“自我保障为主、统一调配为辅”的原则，携带语音、视频通信装备及办公设备，构建自成体系的应急通信网。

**15. 跨区域增援在出发之前，应对所携装备进行点验内容包括哪些？**

**答** 在出发之前，应对所携装备进行点验，对装备的数量、质量、携行能力等进行全面检查，并进行功能性测试，确保装备的完好率。

**16. 途中通信中，辖区中队的通信手段和任务是什么？**

**答** (1) 通信手段

中队执勤力量出动时，中队通信员要遂行出动。出动途中，通信员要利用350 M无线电台、公众移动电话、3G图传等设备，保持与中队通信室的不间断通信。

(2) 主要任务

中队通信员在出动途中的主要任务包括以下内容:

① 开启无线电台,保持与中队通信室或指挥中心的语音通信。开通 3G 图传设备,沿途上传车辆行进情况。

② 协助驾驶员选择捷径路线,注意行车安全,以使迅速到达火场。如果出动途中消防车辆发生故障和交通事故,或者遇到另一起火场时(包括返队),应立即向指挥中心报告。

③ 注意观察火场地点的情况,有无火势蔓延或扩大成灾的迹象(如烟雾、火光等),并注意风向、风力等。

④ 如果针对起火单位预先制订了灭火作战计划,应迅速查看,然后交给指挥员;如未制订灭火作战计划,应将平时掌握的有关情况(如建筑特点、水源分布、交通和周围情况等),主动向指挥员报告。

⑤ 沿途留心寻找和询问火灾地点,如果到了报警所通报的地点还找不到起火单位,应与通信室或指挥中心及时联系。

**17. 途中通信中,辖区支队的通信手段和任务是什么?**

**答** (1) 通信手段

支队全勤指挥部出动时,支队应急通信保障分队要驾驶(卫星)通信指挥车同步出动,利用 350 M 电台、视频终端保持与指挥中心的不间断联络。

(2) 主要任务

按照程序及时申请卫星通信链路,开通指挥视频,建立与指挥中心的双向通信,及时接收指令,上传语音、图像等信息。

**18. 跨区域增援开进途中应采取哪些通信手段保持与前后方指挥部之间的通信联络?**

**答** 在跨区域增援开进途中,应采取多种通信手段保持与前后方指挥部之间的通信联络。

（1）语音通信

可综合使用多种通信手段保持与指挥部的语音通信联络。距离较近时，可选用超短波电台；距离较远时可选用卫星电话、短波电台、（卫星）通信指挥车等；公共通信网络正常情况下，可使用公网对讲机、公网移动电话等公共通信手段。

（2）图像通信

公共通信网络畅通时，可通过3G图传设备传送图像；当公共网络瘫痪时，可使用卫星通信指挥车、卫星便携站、海事卫星平板终端等作为图像传输的手段。

（3）盲区通信

处于盲区无法建立与前后方指挥部的通信联络时，可在下一个地点，通过卫星电话、短波电台或公共移动电话等再次进行联络，或通过第三方进行转接。

**19. 跨区域增援开进途中的通信联络规则有哪些？**

**答** （1）监听

监听分为定时监听和全时监听。定时监听时，按照规定的时间守听。担负定时监听任务的人员，应提前开机监听，并适当延长监听时间；担负全时守听任务的人员，要集中精力认真守听，防止漏听。二级指挥网应采取全时监听的方式，三级战斗网应采取定时监听的方式。

（2）短停联络

就是临时停下，开设短波、超短波电台、卫星电话、卫星移动站（包括静中通、动中通、便携站）等进行短暂联络的方法。

**20. 灾害现场配备无线电台的通信组织方法有哪些？**

**答** （1）装备有无线电台设备时，接警出动应立即开启无线电台，出动途中与指挥中心进行通信联络。到达现场后，按照无线通信三级组网的要求，保持与指挥中心不间断通信联络，并及时报告现场情况或申请增援力量。

(2) 消防总(支)队的现场指挥员与指挥中心、参谋、通信员、各消防中队长之间用指挥网频道(二级网),分为总队指挥组、支队指挥组和后勤保障组等多个二级指挥网;各消防中队长与本队战斗班长、司机、水枪手之间用战斗网频道(三级网)保持通信联络。

(3) 如果装备了(卫星)通信指挥车,则依托车载通信装备建立现场通信指挥中心。

(4) 现场 350 MHz 消防无线通信网内各台应自觉遵守属台服从主台、下级台服从上级台、固定台照顾移动台的原则,坚持"先听后发"的原则,网内无人通话时再发话,避免"插叫""对发"造成堵塞和干扰。

(5) 现场无线电台通信的常用工作方式是明语工作,为保证通信质量和通信时效,应严格遵守通话规则。

(6) 大多数情况下,消防部队的灭火救援作战是"遭遇战",对于现场无线电通信网来说,要针对具体情况和实际要求进行调整。

(7) 如果现场配有语音综合平台,可以实现跨级、跨信道、跨制式通信设备的互联互通,方便消防部队内部以及与公安等其他灭火救援力量间的协同通信。

(8) 当地公安(或政府)已经建设和开通了无线集群通信系统的,可在系统中设置消防分调度台和一定数量的独立通话组,建立消防专业调度指挥网,在现场通信中,可设置各中队灭火战斗通话组、火场指挥通话组、城市消防管区覆盖通话组,用三级组网的方式组织通信。

**21. 灾害现场没有配备无线电台的通信组织方法有哪些?**

**答** (1) 在没有装备无线电台设备时,到达现场后,通信员在现场指挥员的领导下，使用事故单位、现场附近单位的有线电话，或发挥公网移动电话的作用，负责现场与指挥中心之间的通信联络。

（2）现场指挥员与各参战中队之间、中队长与班长、司机、水枪手之间的通信联络，可采用广播、人跑、手势、笛音、旗语、灯光等通信联络方法，进行灭火救援指挥。

（3）在缺乏无线电通信工具或无线电通信受到干扰无法工作的情况下，现场常使用声、光等简易的器材，保障指挥信息的传递。

**22. 什么是指挥通信？**

**答** 指挥通信是按照军队指挥关系组织建立的通信联络。

**23. 什么是按级指挥通信和越级指挥通信？**

**答** 按级指挥通信是指本级同直接下级建立的指挥通信。越级指挥通信是指本级同越下级（即直接下级的下级）之间建立的指挥通信。

**24. 无线电台越级指挥通信的方法通常有哪些？**

**答** 根据情况，可采用插入下级指挥网（专向）组织越级指挥网（专向）和组织多级指挥网。

**25. 建立指挥通信使用的人员、器材是怎么规定的？**

**答** 建立指挥通信使用的人员、器材：无线电通信、运动通信和简易信号通信，由上下级各自负责。野战线路通信，通常按级负责；建立野战地域通信网，由地域通信分队负责；进入固定通信或者野战通信网的连接线路和设备，根据上级规定执行。

凡属上级统一计划和组织的指挥通信，下级没有编配所需人员、器材或人员、器材难以保障时，应由上级负责。

**26. 什么是协同通信？**

**答** 协同通信是按照各部队协同关系组织建立的通信联络。

**27. 协同通信的任务是什么?**

**答** 协同通信的任务是为协同作战的部队之间通报情况、指示目标、识别友邻、避免干扰、密切配合等提供稳定可靠的通信保障。

**28. 无线电台组织协同通信的方法有哪些?**

**答** 建立协同法、派遣协同法、转信协同法、兼网协同法和插入协同法。

**29. 协同通信的组织权限是如何规定的?**

**答** 通常由组织协同动作的司令部统一组织,或由上级制定协同的某一方负责组织。

**30. 易燃易爆、油气井喷、环境嘈杂等灾害现场的通信组织方法有哪些?**

**答** (1) 在易燃易爆现场,应使用防爆电台或旗语、手势等简易通信方式,并明确应急情况下"撤退"信号方式。

(2) 在环境嘈杂现场,应使用头骨、喉结、耳骨式话筒(耳麦)等辅助器材或使用旗语、手势等简易通信方式。

(3) 油气井喷火灾现场,由于井喷声音很大,使用一般扩音设备听不到,或者为了疏散高层建筑火灾的遇难群众,防止盲目逃生而造成伤亡,常用写纸条传阅或在黑板、布块上写大字告示等方法进行联络。

**31. 在山林、高层、地下等通信盲区的通信组织方法有哪些?**

**答** 在山林、高层、地下等通信盲区,要通过架设便携式(或车载式)无线中继台或铺设泄漏通信电缆等方式,保持现场通信畅通。

**32. 在地震、暴风雪等自然灾害时,有线、无线通信设备遭到破坏,通信组织的方法有哪些?**

**答** 因一时无法修复或遇到无线电通信盲区等情况需要用

交通工具或通信员奔跑进行通信联络。

**33. 地震救援应急通信保障阶段与任务是什么?**

**答** 根据地震救援实战特点,按照灾害发生后6 h、12 h、24 h三个阶段特点划分了不同的通信保障任务与方法解决领导想听、想看、想了解方面的需求。

地震多发地区的总支队配备携带轻型卫星便携站、海事卫星图传、卫星电话、短波电台和超短波电台和发电机等装备;大中队配备短波、卫星电话;地震救援队配备卫星电话、短波电台、海事卫星图传等设备。

地震救援通信原则:语音通信优先,图片传输次之,视频传输关键。

第一阶段(6 h):地震发生地大中队在公网未发生故障的情况下,充分利用公网资源上传图片视频信息等资料,公网瘫痪的情况下要第一时间利用卫星电话语音报告灾情;利用海事卫星图传向支队指挥中心指定网盘上传图片资料和情况简要说明,由支队指挥中心统一收集音视频资料和现场情况,避免各级指挥中心和全勤指挥部向前方作战部门要资料抢占现场紧张的音视频资源。支队应急保障分队做好救援全程通信保障;向宣传部门及时提供现场视频、图片和情况简要说明。

第二阶段(12 h):① 支队应急保障分队搭建现场指挥部卫星通信网,建立通信节点,开通指挥视频,回传现场图像;搭建无线基站,建立现场无线通信指挥网,保障现场指挥部与救援队间的通信联络,优先保障语音通信。② 道路通畅情况下,依托卫星移动站,建立通信节点,设置图像、语音调度席位;道路不畅通情况下,徒步携带轻型卫星便携站、海事卫星图传、卫星电话、短波电台超短波电台和发电机等装备。

第三阶段(24 h):① 总队应急通信保障分队做好跨区域调

度增援队伍途中通信保障;保障各总队到达灾害现场的统一指挥和通信联络。② 总队应急通信保障分队组合使用 3G 图传、动中通卫星车、卫星电话和公网对讲机等设备;建立现场通信联络机制,统一规划通信信道。

**34. 现场通信装备电源保障应注意哪些问题?**

**答** 明确通信设备供电方式,以及保障可继续供电等。

**35. 救援现场发生电源故障时的排查步骤是什么?**

**答** 排查步骤:判断是外接电源故障还是本身设备故障。查看同一供电电路的其他设备工作情况。如果其他设备工作正常,则为本身设备故障。如果不正常,则为外接电源故障。

**36. 救援现场发生电池无法使用时的排查步骤是什么?**

**答** 排查步骤:判断是设备问题、电池没有电还是电池故障。先把能正常使用的同种设备电池更换到本机上,如果不能正常工作,则为设备故障,如果正常工作,则为电池没电或电池故障。这时把电池放到充电器充电 10 min 后根据指示灯就可以判断是电池没电还是电池故障。

**37. 救援现场发生设备接触不良时通时断的排查步骤是什么?**

**答** 排查步骤:多数情况下发生在接口部位,重新插拔几次看是否正常。如正常,插牢即可。如不行,分段检查线路或重新更换。

**38. 救援现场发生没有信号输出的排查步骤是什么?**

**答** 排查步骤:通信设备正常运行一般有三种信号线:电源线、信号输入(出)线、控制线。如设备没有信号输出,首先检查电源是否正常。如正常,再检查控制线,是否正常。如正常,从后级往前级检查,先检查有无输入信号。如输入信号不正常,继续向前级检查,直至找到有故障的部位,更换或联系厂家维修。

**39. 救援现场发生受外界干扰的排查步骤是什么？**

**答** 排查步骤：通过改频、更换频道或调整设备位置等方法避免或减少干扰。

**40. 救援现场发生消防卫星便携站天线对不上星的排查步骤是什么？**

**答** ① 检查电缆连接是否完好；

② 检查架设地点是否符合规定要求，如果不符合重新选址；

③ 检查寻星仪或频谱仪的寻星参数是否正确；

④ 检查俯仰角和方位角是否符合架设地参数要求。

**41. 救援现场当发生前后方指挥部图像连接不上的排查步骤是什么？**

**答** ① 检查视频源是否有信号；

② 检查是否已输送视频源信号到视频终端；

③ 检查视频传输网络是否正常；

④ 检查后方接收模式是否正确。

**42. 当消防一级网出现故障或超出其覆盖区域时，通信组织方法有哪些？**

**答** 可通过有线电话、公共移动电话、公网对讲机、短波电台或卫星电话等，建立前后方的通信联络。

# 第三章
# 培训指导与应用创新

## 第一节 培训指导

**1. 什么是专题讲座？**

**答** 专题讲座，顾名思义即是就某个专业话题而主办的专场讲学活动。

**2. 教学活动包括哪些？**

**答** （1）教学目标；

（2）教学内容；

（3）教学方法；

（4）教学评价；

（5）板书设计；

（6）教学思路。

**3. 什么是课堂教学设计？**

**答** 课堂教学设计是教师在创造性地思考、深入钻研教材基础上根据不同学生的特点，创造性地设计教学实施方案，为成功教学绘制蓝图的过程。这也是教师发挥创造才能的过程。完整的课堂教学设计包括教学目标内容的设计、教学起点的所设计、教学方法和教学媒体选用设计、教学评价设计、课堂教学结构设计等。

**4. 怎样进行课堂教学设计？**

**答** (1) 解读教材，分析教材；

(2) 了解学生，关注学生；

(3) 教学方法的设计和教学媒体的选择；

(4) 教学评价的设计；

(5) 把握课堂教学结构设计。

**5. 课堂评价有什么作用？**

**答** (1) 导向与指挥的作用。课堂教学评价具有导向性与指挥性，通过评价目标的引导，指明教师的教与学生的学的目标和应达到的程度。通过评价过程的反馈，教师随时了解学生达到目标的程度，同时也可以发现教师教中所存在的问题，使教师的教不断地调整与改进，学生的学不断地强化与提高。

(2) 激励作用。通过学生自评、学生与学生互评、教师与学生共评，被评价者通过评价可以看到自己的成绩与不足，找到成功或失败的原因。通过评价使师生互相学习、互相激励、扬长避短，调动教与学双方的积极性，促使师生共同发展。

(3) 鉴定作用。课堂评价是多元化的，但评价毕竟起到鉴定作用，通过教师的教学行为与学生学习行为及教学结果进行有效评价的判断，通过评价来比较与区分教师的教学能力与学生学习能力，从而鉴定学生水平，以便于教师与学生制定教与学计划、有效落实教学。

(4) 改进作用。通过课堂教学评价进行信息的反馈，无论是师生都可获得较为准确的反馈信息，以利于鉴定自己教与学的过程是否有效。对于做得好的地方要强化，对于缺点和不足要纠正，使课堂教与学双边活动不断完善，改进与提高，更好地实现课堂教学目标，从而达到教学的整体优化。

**6. 学术论文的撰写基本格式是什么?**

**答** (1) 封面(纸张大小:A4)

封面应由以下几个部分顺序组成:

论文题目(居中,2 号字,黑体);

作者姓名(居中,4 号字,黑体);

指导教师姓名(居中,4 号字,黑体);

单位(居中,4 号字,黑体);

论文完成日期(居中,5 号字,黑体)。

(2) 论文主体(纸张大小:A4)

论文主体应由以下几个部分顺序组成:

论文中文题目(居中,2 号字,黑体);

作者中文姓名(居中,4 号字,黑体);

作者中文通讯地址(居中,5 号字,宋体);

指导教师中文姓名(居中,4 号字,黑体);

中文摘要(30~50 字,小 4 号字,宋体);

中文关键词(3~5 条,小 4 号字,宋体);

正文(3 000~5 000 字,4 号字,宋体,可分成若干部分)。

**7. 如何撰写学术论文?**

**答** (1) 前期积累准备工作

首先,我们需要做好准备工作,这里的准备工作是指做好我们的研究内容,我们在写论文之前,将自己的研究方法、研究结论都准备好,这项工作是论文最大的基础,非常重要。

(2) 列出论文大纲

一般而言,论文的结构是:摘要、前言、Basic Knowledge、研究内容方法、研究结果及讨论、总结、参考文献。我们在写论文之前,要思考好整篇论文分成那几个模块,每个模块我们都需要写哪些内容。

(3) 可以从中间开始写

一般论文的摘要需要反复修改,而前言又会觉得无从下手,面对前言和摘要踟蹰不前,还不如从我们最熟悉的那部分着手,从我们自己的研究内容开始写,一边写一边思考论文的摘要应该包含哪些重点,前言应该覆盖哪些研究背景现状,当我们写好自己最熟悉的那一部分,论文其他部分就变得水到渠成。

(4) 时刻关注论文的重心

我们写论文的时候,有时会觉得是不是这个也要加进去,那个也要放进去,觉得什么东西都有必要介绍一下,在 Basic Knowledge 投入了过多的篇幅,这种做法是不可取的。

我们论文的重点一定是在自己的研究工作上,前面都是为了我们自己的研究工作做铺垫,点到即可,不需要全面展开介绍,如果觉得需要介绍的话,可以通过标注参考文献的方式,千万不要放错重心。

(5) 每个小节的点睛之笔

每个章节应该在最后一个段落有一个点睛之笔,做个小总结,让阅读论文的人能够很容易把握住重点。

(6) 重新审视论文

论文写完之后,一定要重新核对若干遍。前几遍重点看文章是否需要调整结构,是否有没有写到位,或者写得有问题的地方,进行粗条;之后,查看文章的表述方式是否精确,进行细调;最后,更改格式,检查错别字等。这部分工作可以请导师、师兄给出一些建议。

**8. 如何检索学术论文资料?**

**答** 学术论文就是用来进行科学研究和描述科研成果的文章,简称之为论文。它既是探讨问题进行科学研究的一种手段,又是描述科研成果进行学术交流的一种工具。它包括学年论文、毕业论文、学位论文、科技论文、成果论文等，总称为学术论文。相信很多朋友都遇到过论文资料匮乏，总觉得查找论文资料是件很麻烦的事，本文教大家如何查找论文资料，希望朋友们把更多的精力放在论文的写作上，仅供参考。

一、直接找特定论文

除了找论文网站，我们也可以直接搜索某个专题的论文。看过论文的都知道，一般的论文，都有一定的格式，除了标题、正文、附录，还需要有论文关键词，论文摘要等。其中，“关键词”和“摘要”是论文的特征词汇。而论文主题，通常会出现在网页标题中。

例：关键词 摘要 intitle：物流。

二、找专业报告

很多情况下，我们需要有权威性的，信息量大的专业报告或者论文。比如，我们需要了解中国互联网状况，就需要找一个全面的评估报告，而不是某某记者的一篇文章；我们需要对某个学术问题进行深入研究，就需要找这方面的专业论文。找这类资源，除了构建合适的关键词之外，我们还需要了解一点，那就是：重要文档在互联网上存在的方式，往往不是网页格式，而是 Office 文档或者 PDF 文档。Office 文档我们都熟悉，PDF 文档也许有的人并不清楚。PDF 文档是 Adobe 公司开发的一种图文混排电子文档格式，能在不同平台上浏览，是电子出版的标准格式之一。多数上市公司的年报，就是用 PDF 做的。很多公司的产品手册，也以 PDF 格式放在网上。

百度以“filetype：”这个语法来对搜索对象做限制，冒号后是文档格式，如 PDF、DOC、XLS 等。

例：霍金 黑洞 filetype：pdf.

三、找范文

写应用文的时候，找几篇范文对照着写，可以提高效率。

(1) 找市场调查报告范文。市场调查报告的网页,有几个特点。第一是网页标题中通常会有“××××调查报告”的字样;第二是在正文中,通常会有几个特征词,如“市场”“需求”“消费”等。于是,利用intitle语法,就可以快速找到类似范文。

例:市场 消费 需求 intitle:调查报告。

找申请书范文 申请书有多种多样,常见的比如入党申请书。申请书有一定的格式,因此只要找到相应的特征词,问题也就迎刃而解。比如入党申请书的最明显的特征词就是“我志愿加入中国＊＊＊”。

例:我志愿加入中国＊＊＊ 入党申请书。

(2) 找工作总结范文。还是那个关键问题,工作总结会有什么样的特征词?将心比心的设想一下,就会发现,工作总结,总会写的象八股文一样,“一、二、三”,“第一,第二,第三”,“首先,其次,最后”。而且工作总结的标题中,通常会出现“工作总结”四个字,于是,问题就很好地解决了。

例:第一 第二 第三 intitle:工作总结。

四、找论文网站

网上有很多收集论文的网站。先通过搜索引擎找到这些网站,然后再在这些网站上查找自己需要的资料,这是一种方案。找这类网站,简单地用“论文”做关键词进行搜索即可。

例:论文。

五、通过各种网络电子资源检索

1. 文献数据库。

(1) 国内主要资源

①维普:主要是科技论文;

② 万方:科技引文、学位论文、会议论文等;

③ CNKI:学术期刊数据库,和维普有一点点区别;

④ 超星图书馆、书生之家图书馆、中国数字图书馆及全国知名大学图书馆等。

(2) 国外主要资源

① SpringerLink:包含学科:化学、计算机科学、经济学、工程学、环境科学、地球科学、法律、生命科学、数学、医学、物理与天文学等 11 个学科,其中许多为核心期刊。

② IEEE/IEE:收录美国电气与电子工程师学会(IEEE)和英国电气工程师学会(IEE)自 1988 年以来出版的全部 150 多种期刊,5670 余种会议录及 1350 余种标准的全文信息。

③ Engineering Village:由美国 Engineering Information Inc. 出版的工程类电子数据库,其中 Ei Compendex 数据库是工程人员与相关研究者最佳、最权威的信息来源。

④ ProQuest:收录了 1861 年以来全世界 1 000 多所著名大学理工科 160 万博、硕士学位论文的摘要及索引,学科覆盖了数学、物理、化学、农业、生物、商业、经济、工程和计算机科学等,是学术研究中十分重要的参考信息源。

⑤ EBSCO 数据库 ASP(Academic Search Premier):内容包括覆盖社会科学、人文科学、教育、计算机科学、工程技术、语言学、艺术与文化、医学、种族研究等方面的学术期刊的全文、索引和文摘;BSP(Business Source Premier):涉及经济、商业、贸易、金融、企业管理、市场及财会等相关领域的学术期刊的全文、索引和文摘。

⑥ SCIENCEDIRECT 数据库:是荷兰 Elsevier Science 公司推出的在线全文数据库,该数据库将其出版的 1,568 种期刊全部数字化。该数据库涵盖了数学、物理、化学、天文学、医学、生命科学、商业及经济管理、计算机科学、工程技术、能源科学、环境科学、材料科学、社会科学等众多学科。

⑦ OCLC(OnlineComputerLibraryCenter)即联机计算机图书馆中心,是世界上最大的提供文献信息服务的机构之一。其数据库绝大多数由一些美国的国家机构、联合会、研究院、图书馆和大公司等单位提供。数据库的记录中有文献信息、馆藏信息、索引、名录、全文资料等内容。资料的类型有书籍、连续出版物、报纸、杂志、胶片、计算机软件、音频资料、视频资料、乐谱等。

(3) 文献检索

① 国内期刊报纸全文可以在万方,维普,CNKI 进行检索,其他专业的数据库也可以;学位论文,可以在万方、CNKI 检索。专利、标准等文献还是要到相应的数据库进行检索。

② 国外期刊在我以上提供的数据库都可以检索,而学位论文多是在 ProQuest 数据库进行检索。

③ 进入数据库方法和思路。

a. 购买权限,理论上这些资源部是免费的。查阅时,只能到购买权限的单位,才能进入数据库。或者,如果你有足够的钱的用来烧的话,那你可以购买阅读卡,一切都 ok 了;

b. 采用公共的用户名和密码。这种方法用起来是最好最省事情的,但是搜索可就费时间了。密码来源多是试用形式的,一段时间会过期。取得这种密码,要看你的搜索能力了,有时间我会谈谈搜索经验和大家交流。如果你水平足够高超的话,可以自己研发破解工具,或者使用破解工具进行破解,前一段时间网上超星破解版就是个例子,不过现在很多不能用了。

c. 使用高校或者科研单位代理。这种方式挺好,但是对于菜鸟级别的有时就显得有点难以操作了。简单地说,代理服务器的工作机制很像我们生活中常常提及的代理商,假设你的机器为 A 机,你想获得的数据由 B 机提供,代理服务器为 C 机,那么具体的连接过程是这样的。首先,A 机需要 B 机的数据，它与C机建立连接，C机接收到A机的数据请求后，与B机建立连接，下载A机所请求的B机上的数据到本地，再将此数据发送至A机，完成代理任务。所以能获得好的，快速的高校或者科研院所的代理，你就可以通过这个代理在这些地方寻找你的资料了，不会再出现“ip地址不在允许范围内”的提示了。

最后说一下，就国内资源，维普期刊好一些，万方也不差，当在CNKI遇到麻烦的时候，可以去万方、维普找你的资料。

(4) 文献检索工具

大家对网络上的搜索工具一定不陌生吧？百度，google等。

**9. 如何进行学术论文的投稿？**

**答** (1) 首先要看自己的行业和单位评职称需要什么级别的论文。现在很多都要求必须是核心期刊。这个可以上网搜一下都有哪些。从这些期刊中选一个，打开它的网站；

(2) 选定要投稿的期刊后看此期刊的论文投稿要求。论文格式根据投稿要求进行修改。不同的杂志社对论文的格式要求不一样；

(3) 查看此期刊的论文投稿流程，注册。根据流程来就可以了；

(4) 投稿后可以随时登录作者中心察看自己稿件的状态。论文一般需要三审，会需要一定的时间，好的期刊时间更长；

(5) 稿件如果被录用，作者会收到杂志社的通知，缴纳版面费后就可以见刊了。缴费后杂志社会开发票，如果单位可以报销的话一定要告诉杂志社准确的单位信息。

**10. 培训是指什么？**

**答** 培训是指有组织、有计划的学习，目的在于使受训人员的知识、技能、态度以及行为有所改善，从而使其发挥最大的潜力，以提高工作的绩效。

**11. 培训的目的是什么？**

**答** 培训的最终目的是通过提升战士的能力实现战士与部队的同步成长。

**12. 培训的意义是什么？**

**答** 每一项工作都有其自身的规律和特点，都有其领域内的科技含量和技能要求，必须通过教育培训，从不了解到了解，从生疏到熟练，直至胜任本职工作。

**13. 为什么要开展培训？**

培训是针对岗位职务和工作的具体要求，向受训人员灌输达到相应等级要求必备的理论知识和训练其掌握相应的实操技能。开展培训与指导的核心是工作需要。

**14. 消防部队大力加强培训工作有什么意义？**

**答** 大力加强培训工作，造就一支高素质的消防队伍，切实提高消防部队灭火救援的整体战斗能力，为经济建设和人民安居乐业，保驾护航。

**15. 培训遵循的原则是什么？**

**答** （1）服务部队发展战略的原则；

（2）因人施教原则；

（3）全员培训和重点提高相结合原则；

（4）目标性原则；

（5）主动参与原则。

**16. 为什么要制定培训计划？**

**答** 计划是实现目标的一种手段，对于每一个工种不同等级的培训，在大纲里都有相应的培训目标，而要按大纲要求达到培训目标，没有计划是不可能的，科学地制定培训计划对于实施培训的意义是不言而喻的。

**17. 培训计划的主要内容有哪些？**

**答** （1）培训目标；

（2）培训对象；

（3）培训时间；

（4）培训内容；

（5）培训安排；

（6）培训要求。

**18. 培训大纲主要由哪几部分组成？**

**答** 培训大纲主要由说明部分和大纲两部分组成。

**19. 培训大纲通常的格式是什么？**

**答** （1）标题；

（2）培训对象；

（3）培训目标：知识培训目标；技能培训目标；

（4）培训总课时数；

（5）培训内容；

（6）教学方案表；

（7）附录。

**20. 培训大纲遵循的原则是什么？**

**答** （1）服务部队发展战略的原则；

（2）因人施教原则；

（3）全员培训和重点提高相结合原则；

（4）目标性原则；

（5）主动参与原则；

（6）激励原则；

（7）注重实效结合实际原则。

**21. 为什么说培训大纲是培训文件中最重要的内容？**

**答** 它为培训人员详细说明了培训的目标、要求，以及应向参训人员传授那些基本的职业知识和技能等内容。

**22. 为什么要培养共同战斗和生活的团体精神？**

**答** 消防部队是一个高度集中、组织严密的团队，作为这个团队的每名成员应该具备大局意识、协作精神和服务精神，团队的生存与发展取决于成员之间的协作。

**23. 受训人员如何培养共同战斗和生活的团体精神？**

**答** 受训人员学会理解差异性、多样性和相互依存性，正确认识自己，认识他人，认识当前面临的形势和任务，在协作中共同生存和发展，即可培养团队成员共同战斗和生活的团队精神。

**24. 计算机系统管理员职业技能鉴定指的是什么？**

**答** 计算机系统管理员职业技能鉴定是指按照国家规定的职业技能标准或任职资格条件，通过政府劳动行政部门认定的考核鉴定机构，对计算机系统管理员的技能水平或职业资格进行客观公正、科学规范的评价与认证活动。

**25. 什么是认知？**

**答** 认知也称认识，是指人认识外界事物的过程，或者说是对作用于人的感觉器官的外界事物进行信息加工的过程，在心理学中是指通过形成概念、知觉、判断或想象等心理活动来获取知识的过程。

**26. 应急通信保障分队的分工是什么？**

**答** 应急通信保障分队应根据总指挥部的任务分工，迅速制定相应的通信保障方案，保障音视频、数据传输，确保通信畅通。

(1) 队长(1人)：按照总指挥部的要求，负责指挥协调整个分队的通信保障任务。

(2) 副队长(1人)：辅助总指挥指挥协调整个分队的通信保障。

(3) 队员(3～6 人):按照上级的指示,负责在现场建立有线、无线、计算机指挥通信网络,与前方总指挥部联网,完成分队所在现场的图像、语音、计算机数据传输,保障前方总指挥部的指挥调度。

**27. 重特大火灾现场应急通信保障有哪些要点?**

**答** (1) 重特大火灾现场应急通信方案要素完整。

(2) 通信装备编成合理,人员任务分工明确;

(3) 合理设置现场图像采集机位;

(4) 上传全局、整体作战态势图像、主要进攻方向图像、局部细节图像 3 路现场图像;

(5) 正确架设超短波中继台,实现中继功能;

(6) 正确使用公网对讲机,实现互通;

(7) 规范通信用语、遵守通信纪律。

**28. 重特大事故现场应急通信保障有哪些要点?**

**答** (1) 山区地震救援现场应急通信方案要素完整;

(2) 通信装备编成合理;

(3) 人员分工明确,任务清楚;

(4) 现场组织有序;

(5) 现场图像采集机位设置合理;

(6) 至少上传 3 路现场图像,全面反映现场态势;

(7) 规范通信用语、遵守通信纪律。

**29. 通信建设项目的规划与建设有哪些要点?**

**答** (1) 项目确立的目的;

(2) 项目确立的原则;

(3) 项目实现的目的;

(4) 项目规划与设计;

(5) 项目实施的流程;

(6) 项目建设的主要环节;

(7) 项目仿真、测试、反馈;

(8) 项目修正、验收、使用。

## 第二节 应用创新

**1. 创新的含义是什么?**

**答** 创新是指以现有的思维模式提出有别于常规或常人思路的见解为导向,利用现有的知识和物质,在特定的环境中,本着理想化需要或为满足社会需求,而改进或创造新的事物、方法、元素、路径、环境,并能获得一定有益效果的行为。

**2. 工作创新指的是什么?**

**答** 工作创新是指在工作岗位上,应用创新思维,激发工作的新思路、新方法和新措施,并以此产生新的工作效益。

**3. 工作创新能力是指什么?**

**答** 工作创新能力,是指在工作岗位上创新自己工作能力,产生新的思路,方法,措施,产生新的工作效果,效益。创新能力的产生在于学习,实践,改进而不断地认真努力,逐步产生新的工作感悟,产生进步正确新的工作能力。

**4. 如何提高工作创新的能力?**

**答** (1) 加强学习

知识贫乏就没有创新的基础,因为创新要以继承为条件,绝不是无根之木,无源之水。所以要养成读书的习惯,努力学习新兴科学知识,不断学习,不断积累,使自己的知识水平始终处于时代的前沿。

(2) 培养创新意识

只有创新意识强,才会自觉地提高自身的创新能力,培养创新意识。既然是创新，也就没有先例可以借鉴，要创新就必须敢于向旧传统提出挑战，如果患得患失，怕担风险，就不可能有创新。因此，必须不怕困难，不怕挫折，锻炼自己敢于胜利的坚强意志。

(3) 要有创新思维

更新观念，创新思维，是推动创新的先导，培养创新思维是提高创新能力的重要途径。创新思维要求对问题善于进行多方位、多角度、多手段的探讨，进行比较分析，从中寻找解决问题的最佳方案。在实际工作中要一切从实际出发，自觉地把思想认识从那些不合时宜的观念、做法和体制中解放出来，跳出传统思维。

(4) 要勇于实践

实践出真知。创新能力是在长期创新实践中不断提高的，只有积极加实践，不断总结新鲜经验，包括失败的教训，才能提高自身的创新能力。只有不断实践，不断总结，我们的创新能力才会不断提高。

**5. 工作创新的基本方法有哪些？**

**答** (1) 系统分析法；

(2) 联想法；

(3) 类比法；

(4) 移植法；

(5) 组合法。

**6. 什么是创新意识？**

**答** 创新意识是指人们根据社会和个体生活发展的需要，引起创造前所未有的事物或观念的动机，并在创造活动中表现出的意向、愿望和设想。它是人类意识活动中的一种积极的、富有成果性的表现形式，是人们进行创造活动的出发点和内在动力。是创造性思维和创造力的前提。

**7. 什么是创新精神？**

**答** 创新精神是指要具有能够综合运用已有的知识、信息、技能和方法，提出新方法、新观点的思维能力和进行发明创造、改革、革新的意志、信心、勇气和智慧。

**8. 如何培养创新意识？**

**答** （1）质疑是创新学习的基础；

（2）主动参与是创新的保证；

（3）求异是创新的核心。

**9. 创新思维方法的内容有哪些？**

**答** （1）逆向思维；

（2）心理思维；

（3）跟踪思维；

（4）替代思维；

（5）形象思维；

（6）发散思维；

（7）否定思维；

（8）多路思维。

**10. 创新能力包括哪些？**

**答** （1）学习能力；

（2）分析能力；

（3）综合能力；

（4）想象能力；

（5）批判能力；

（6）创造能力；

（7）解决问题能力；

（8）实践能力；

(9)组织协调能力以及整合多种能力的能力。

**11. 如何提高操作能力?**

**答** 可通过增强提高操作能力的自觉意识、学习掌握操作能力的方法和有关原理、树立良好的进取心、刻苦学习专业技术操作技能和在日常生活中锻炼操作技能等方法提高操作能力。

**12. 在创新能力中观察力指的是什么?**

**答** 观察力是指大脑对事物的观察能力,是人在观察活动中的智力体现,受人的思维影响的、有意识的、系统的知觉活动,是人获得知识的一个重要途径,它反应一个人创造力的高低。

**13. 思维方式对于创新有什么重要意义?**

**答** 科技创新思维要讲求缜密性和前瞻性,还要借助于一些科学的思维模式。掌握一些行之有效的创新思维模式,可以使我们找准研究的方向,在面对科研难题时设法寻求解决之道,最大限度地发挥自己的优势,扬长避短,取得科学研究的优异成果。

**14. 科技创新的思维方式包括那些思维模式?**

**答** 科技创新的思维方式,包括类比式、联想式、跨越式等思维模式。

**15. 什么是突破思维定式?**

**答** 突破思维定式是指在思考有待创新问题时,要善于主动摆脱原有的思维模式,将思路指向新的领域和新的客体。突破思维定式,首先必须认清我们头脑中的思维障碍,查明产生的原因,总结突破的办法。具体措施主要有:善于转换视角,从客观角度观察事物;利用形象思维,大胆联想、大胆想象;充分发挥人的潜思维能力。

**16. 保持注意力有哪些优势?**

**答** 较高的注意力有助于提高创新过程中观察和学习吸

收能力、提高思维的灵敏度、提高工作效率。注意力的提高需要不断的训练和培养，如要有明确的目标、进行积极的思维、要有紧迫感、养成认真细致的习惯、找到适合自己的科学工作方法、认真总结自己的工作和活动、充分发挥自己的主观能动性。

**17. 消防部队科研项目有哪些？**

**答** （1）公安部技术研究计划项目；

（2）应用创新、公安理论计划项目；

（3）软科学研究计划项目。

**18. 科技计划项目申报的总体要求是什么？**

**答** （1）统一申报，集中评审；

（2）提高认识，强化管理；

（3）精心部署，严格把关；

（4）立足实战，注重应用。

**19. 信息化应用指导的职责任务是什么？**

**答** 根据消防信息化建设应用整体规划，组织开展对本地区各级、各部门信息化应用的发展状况的调查研究；结合本地需求做好一体化消防业务信息系统二次开发的规划与建设；负责消防部队与社会公共信息资源的共享与信息交换管理；指导推进消防信息化应用；评估消防信息化应用发展水平；组织开展全警信息化应用技能培训。

**20. 消防科研成果试点应用工作开展方法有哪些？**

**答** （1）分阶段实施

① 生产配发阶段

成果提供单位应制定相应的产品标准，编写使用指南，将试用成果送国家检测中心免费检验，组织小批量生产，送达试用单位。

② 培训指导阶段

成果提供单位采取集中培训或分批培训等方式,组织技术人员指导试用单位官兵掌握试用成果的操作方法和维护保养要求。试用单位应制定实施方案,进行任务分解,试用成果配送到位后,要安排人员接受专门培训。

③ 成果试用阶段

试用单位每周至少组织2次针对试用成果主要技术性能的训练演练,灭火和应急救援实战中应优先使用配发的试用成果,每次训练和实战都应进行视频记录,并填写科研成果试点应用情况记录表;每月组织1次试用成果应用效果研讨,掌握实际效能,提出推广应用的需求和升级改造的意见。成果提供单位应为试用单位提供技术服务,每月至少回访1次。

④ 总结分析阶段

试用工作结束后,各单位应及时进行总结评估,试用单位提交试点应用情况工作报告,成果提供单位提交试用成果技术分析报告和补助经费使用情况审计报告。需退还给成果提供单位的试用成果,试用单位应当由专人负责及时如数退还。

(2) 试点应用情况报告写法

① 成果试用情况

简要介绍试用成果在训练演练和实战中发挥的效能及典型案例。

② 与国内外同类装备的比较

试用装备与本单位已配备的同类进口装备、同类国产装备或用途相近装备的性能、价格比较。

③ 存在问题与改进建议

简要介绍试用成果存在的主要问题,结合实战对成果升级改造、大面积推广应用提出合理化建议。

④ 对消防科研成果试点应用工作的意见和建议

对本年度消防科研成果试点应用工作情况进行评价，对下一年度的试点应用工作提出意见和建议。

**21. 消防通信新技术、新系统、新装备的测试有哪些要点？**

**答** （1）新技术、新系统、新装备测试方案要素齐全、流程设计合理；

（2）人员分工明确，测试方法可行；

（3）记录测试过程；

（4）选择多种测试场地 多种测试环境，测试者的痕迹要遍布于测试场地的各个位置；

（5）测试完毕后要及时讨论测试结果。

**22. 如何进行消防通信新技术、新系统和新装备的测试？**

**答** （1）选择测试项目；

（2）明确测试目的；

（3）安排测试人员；

（4）选定测试环境；

（5）记录测试方法、流程及内容；

（6）记录测试方法、过程与结果；

（7）组织分析与讨论。

# 第二篇

# 职业技能鉴定操法

## （技师）（试行）

# 第一章
# 消防通信网络与业务系统管理

## 第一节 基础通信网络与设备的操作

### 课目 1 计算机网络故障排查

考核目的：

考察参考人员对计算机网络故障的排查维护能力。

场地器材：

计算机技能鉴定室，计算机一台，交换机，光纤收发器、网线、多模光纤线、测线仪、寻线仪、网线钳及维修工具一套，考核资料与要求一份。

故障设置：

计算机无法访问办公网：

1. 准备一条有故障的网线；
2. 准备一台有故障的交换机；
3. 准备一台有故障的光纤收发器；
4. 准备一条多模光纤线。

操作程序：

1. 当听到“检查器材”的口令后，参考人员检查考核器材。

检查完毕，举手示意，喊“检查完毕”。

2. 当听到“开始”的口令，参考人员开始操作，对故障现象进行分析判断。

3. 经过排除法判断并排除故障，并顺利进入办公系统界面。

4. 操作完成后，举手示意，喊“操作完毕”。经考评员同意后退出计算机技能鉴定室。

5. 当听到“考试结束”的口令后，参考人员迅速停止操作，离开考场。

操作要求：

1. 能够排查所有故障点，实现进入办公系统界面。

2. 连线规范有序。

3. 30分钟内完成全部操作。

成绩评定：

1. 计时从“开始”口令开始至参考人员喊“操作完毕”结束。30分钟计时铃响时，参考人员不得继续进行操作，否则不记取成绩；

2. 未排查出网线故障扣20分；

3. 未排查出交换机故障扣20分；

4. 未排查光纤收发器故障扣20分；

5. 未排查出光纤线故障扣20分；

6. 连线混乱、接口松动或者脱落，每处扣10分，共20分。

## 课目2　卫星便携站故障排查

考核目的：

考察参考人员对卫星便携站故障的排查维护能力。

场地器材：

模拟地震、建筑倒塌等训练设施，卫星便携站、笔记本电脑、网线、考核资料与要求一份。

操作程序：

1. 当听到“检查器材”的口令后，参考人员检查考核器材。检查完毕，举手示意，喊“检查完毕”。

2. 当听到“开始”的口令，参考人员开始操作，搭建已经设置故障的卫星便携站；对星入网；连接计算机，判断卫星站上线状态[用电脑]，查看 IRD 接收信号强度，进行 CMD570L 自发自收测试。

3. 操作完成后，举手示意，喊“操作完毕”。经考评员同意后退出操作区域。

4. 当听到“考试结束”的口令后，参考人员迅速停止操作，离开考场。

操作要求：

1. 正确排查卫星便携站故障；

2. 正确查看 CMR－570L 注册状态(已上线)；

3. 正确查看 CMD－5975 信号强度(达到可用值)；

4. 正确进行 CMR－570L 自发自收；

5. 30 分钟内完成所有操作。

成绩评定：

1. 计时从“开始”口令开始至参考人员喊“操作完毕”结束。30 分钟计时铃响时，参考人员不得继续进行操作，否则不记取成绩；

2. 未能正确排查卫星便携站故障，扣 8 分；

3. 未能正确查看 CMR－570L 注册状态(已上线)，扣 1 分；

4. 未能正确查看 CMD－5975 信号强度(达到可用值)，扣

1分；

5. 未能正确进行 CMR－570L 自发自收，扣 10 分；

6. 操作失误造成器材损坏，不计成绩。

## 课目 3　电话号码的分配与调整

考核目的：

考察参考人员对配线架及综合布线的掌握情况。

场地器材：

计算机技能鉴定室，配线架一台，电话线、网线钳一个，测线仪一个，寻线仪，电话线、水晶头若干，压线钳一个，普通电话机两个，相关图纸和电话号码分配表一份。

操作程序：

1. 当听到"检查器材"的口令后，参考人员检查考核器材。检查完毕，举手示意，喊"检查完毕"。

2. 当听到"开始"的口令，参考人员按照考核资料，通过调整配线，将 A 房间电话调整至 B 房间，号码不变。

3. 操作完成后，举手示意，喊"操作完毕"。经考评员同意后退出计算机技能鉴定室。

4. 当听到"考试结束"的口令后，参考人员迅速停止操作，离开考场。

操作要求：

1. 能够正确识读综合布线拓扑图，并补全拓扑图所缺内容。

2. 能够实现电话线路的更换。

3. 20 分钟内完成全部操作。

成绩评定：

1. 计时从"开始"口令开始至参考人员喊"操作完毕"结束。

20分钟计时铃响时，参考人员不得继续进行操作，否则不记取成绩。

2. 配线架接线不会调整，不记取成绩。

3. 未能够正确补全拓扑图，每处扣5分。

4. 配线架接线跳线不规范，每处扣5分。5、配线架接线调整到位，但不能正常通信，扣10分。

操作流程：

1. 补全拓扑图上的所缺内容；

2. 电话线路的交换(调整6014和6015的线路)，使其电话能够互通；

3. 电话线路故障排查；

3. 20分钟内完成全部操作。

**配线表**

| 位置 | 6000 | 6001 | 6002 | 6003 | 6004 | 6005 | 6006 | 6007 | 6008 | 6009 |
|---|---|---|---|---|---|---|---|---|---|---|
| 号码 | 左1<br>排1 | 左1<br>排2 | 左1<br>排3 | 左1<br>排4 | 左1<br>排5 | 左1<br>排6 | 左1<br>排7 | 左1<br>排8 | 左1<br>排9 | 左1<br>排0 |
| | | | | | | | | | | |
| 位置 | 6010 | 6011 | 6012 | 6013 | 6014 | 6015 | 6016 | 6017 | 6018 | 6019 |
| 号码 | 左2<br>排1 | 左2<br>排2 | 左2<br>排3 | 左2<br>排4 | 左2<br>排5 | 左2<br>排6 | 左2<br>排7 | 左2<br>排8 | 左2<br>排9 | 左2<br>排0 |
| | | | | | | | | | | |
| 位置 | 6020 | 6021 | 6022 | 6023 | 6024 | 6025 | 6026 | | | |
| 号码 | 左3<br>排1 | 左3<br>排2 | 左3<br>排3 | 左3<br>排4 | 左3<br>排5 | 左3<br>排6 | 左3<br>排7 | | | |

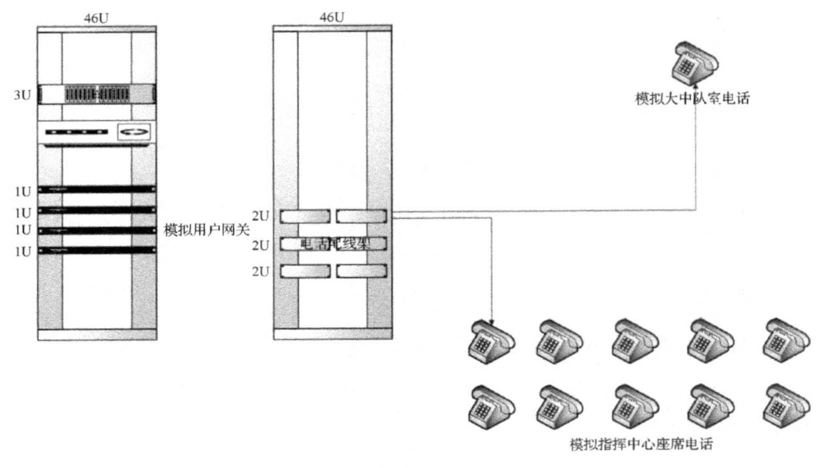


机架图

## 课目 4　信息中心机房改造、网络规划与拓扑图制作

考核目的：

考察参考人员信息机房建设升级改造、网络优化和综合布线能力。

场地器材：

计算机技能鉴定室，绘图工具 1 套，草纸若干，考核资料与要求 1 份。

操作程序：

1. 当听到“检查器材”的口令后，参考人员检查考核器材。检查完毕，举手示意，喊“检查完毕”。

2. 当听到“开始”的口令后，参考人员根据现有机房设施及线路布置等情况，提出改造意见。

3. 根据现有的网络结构绘制拓扑图。

4. 操作完成后，举手示意，喊“操作完毕”。经考评员同意后退出计算机技能鉴定室。

5. 当听到"考试结束"的口令后,参考人员迅速停止操作,离开考场。

**操作要求:**

1. 根据计算机鉴定中心机房环境、区域设置及网络设备、线路布置等有关情况,提出整改意见和建议,不少于3条;

2. 利用现有制作工作,绘制网络拓扑图;

3. 利用标签机制作标签;

4. 30分钟内完成所有操作。

**成绩评定:**

1. 计时从"开始"口令开始至参考人员喊"操作完毕"结束。30分钟计时铃响时,参考人员不得继续进行操作,否则不记取成绩;

2. 未能提出改造意见的,每少1条扣10,总分30分;

3. 绘制的网络拓扑草图中设备名称、设备标识、线材类型、排列层次不合理,每错1项扣10分,总分40分;

4. 标签制作识不清楚,端口标识错误,标识不规范,每错1项扣10分,总30分。

## 课目5 短波电台的操作

**考核目的:**

考察参考人员对短波电台的配置与使用。

**场地器材:**

室外操场,短波电台一套,配置表一份。

**操作程序:**

1. 当听到"检查器材"的口令后,参考人员检查考核器材。检查完毕,举手示意,喊"检查完毕"。

2. 当听到"开始"的口令,参考人员根据配置表要求,合理选址,正确选择天线,架设短波电台,设置通信参数,并通过规定的通信方式与基指进行通信联络。操作完毕后，举手喊"操作完毕"。

3. 当听到"考试结束"的口令后，参考人员迅速停止操作，离开考场。

操作要求：

1. 正确选择天线并成功架设；
2. 正确设置本机 ID；
3. 正确设置信道频率；
4. 正确设置选择本机扫描表；
5. 正确完成选呼通信、定频通信及扫描通信；
6. 30 分钟内完成所有操作。

成绩评定：

1. 计时从"开始"口令开始至参考人员喊"操作完毕"结束。30 分钟计时铃响时，参考人员不得继续进行操作，否则不记取成绩；
2. 未能正确选择天线并成功架设，扣 4 分；
3. 未能正确设置本机 ID，扣 4 分；
4. 未能正确设置信道频率，扣 4 分；
5. 未能设置选择本机扫描表，扣 4 分；
6. 未能正确完成选呼通信、定频通信及扫描通信，扣 4 分；
7. 操作失误造成器材损坏，不计成绩。

## 第二节　消防业务信息系统

### 课目 6　综合统计分析系统的应用

考核目的：

考察参考人员对综合统计分析系统应用掌握情况。

场地器材：

计算机技能鉴定室，计算机 1 台（可登录综合统计分析系统，并开通相关权限）。

操作程序：

1. 当听到“检查器材”的口令后，参考人员检查考核器材。检查完毕，举手示意，喊“检查完毕”。

2. 当听到“开始”的口令后，参考人员登录综合统计分析系统，调用“综合查询”模块，调用行政干部实力统计表和车辆装备统计表，截图后以“考生姓名 1”和“考生姓名 2”保存在“我的文档”中。制作自定义表单并完成下发。操作完毕后，举手喊“操作完毕”。

3. 当听到“考试结束”的口令后，参考人员立即停止操作，离开考场。

操作要求：

1. 熟练掌握系统查询方法。

2. 熟练掌握自定义表单制作与下发方法。

3. 20 分钟内完成全部操作。

成绩评定：

1. 计时从“开始”口令开始至参考人员喊“操作完毕”结束。20 分钟计时铃响时，参考人员不得继续进行操作，否则不记取成绩。

2. 未正确完成查询操作，扣 30 分。

3. 未正确制作自定义表单，扣 40 分。

4. 未正确下发自定义表单，扣 30 分。

5. 规定时间内未完成全部操作，不记取成绩。

## 课目 7　灭火救援业务管理系统的故障排查

考核目的：

考察参考人员对灭火救援业务管理系统的配置、维护及故障排查的掌握情况。

**场地器材：**

计算机技能鉴定室，计算机1台（可登录灭火救援业务管理系统），计算机D盘文件夹内提供操作信息文档（系统管理员账号和密码、应用人员账号和密码、指定水源的名称）。

**故障设置：**

可以正常登录灭火救援业务管理系统，可以录入水源，但是不能进行修改。

**操作程序：**

1. 当听到“检查器材”的口令后，参考人员检查考核器材。检查完毕，举手示意，喊“检查完毕”。

2. 当听到“开始”的口令后，进入“系统维护”查看并修复相关流程和权限设置。

3. 登录系统，修改指定的水源名称为“测试”，截图命名为“考生姓名”，保存在我的文档中。

4. 当听到“考试结束”的口令后，参考人员立即停止操作，离开考场。

**操作要求：**

1. 正确设置系统角色。

2. 正确进行人员授权。

3. 正确掌握水源名称修改操作方法。

4. 20分钟内完成所有操作。

**成绩评定：**

1. 计时从“开始”口令开始至参考人员喊“操作完毕”结束。20分钟计时铃响时，参考人员不得继续进行操作，否则不记取成绩；

2. 未正确设置系统角色，扣20分；

3. 未正确进行人员授权，扣20分；

4. 未按规定修改水源名称，扣20分；

5. 未按规定截图，扣20分；

6. 保存路径错误扣20分。

## 课目8　消防综合业务系统的维护与管理

考核目的：

考察参考人员对消防综合业务系统维护与管理的掌握情况。

场地器材：

计算机技能鉴定室，计算机一台（可登录消防综合业务系统），计算机D盘文件夹内提供操作信息文档（综合业务平台管理员账号和密码、系统角色、系统流程、1名指定人员的身份信息）。

操作程序：

1. 当听到"检查器材"的口令后，参考人员检查考核器材。检查完毕，举手示意，喊"检查完毕"。

2. 当听到"开始"的口令后，参考人员登录消防综合业务管理系统，设置系统角色（中队长、大队长、警务科长、副参谋长角色），分配相应权限、设置审批流程（士兵休假），操作完毕后，举手喊"操作完毕"。

3. 当听到"考试结束"的口令后，参考人员迅速停止操作，离开考场。

操作要求：

1. 正确设置系统角色。

2. 正确分配系统权限。

3. 正确设置系统流程。

4. 20分钟内完成全部操作。

成绩评定：

1. 计时从“开始”口令开始至参考人员喊“操作完毕”结束。20分钟计时铃响时，参考人员不得继续进行操作，否则不记取成绩。

2. 未正确设置系统角色，扣30分。

3. 未正确分配系统权限，扣30分。

4. 未正确设置系统流程，扣40分。

## 课目9　机房环境综合维护及故障排查

考核目的：

考察参考人员机房环境综合维护故障排查能力。

场地器材：

信息机房、网络机柜、UPS电源、精密空调。考核资料与要求一份。

操作要求：

1. 完成一次机房综合环境巡检。

2. 记录机房环境、服务器、UPS供电系统、空调等设备运行状态。

3. 准确排查服务器硬盘故障。

4. 根据有关标准和要求，提出维护建议。

5. 20分钟内完成全部操作。

考核流程：

1. 检查器材。

2. 当听到“开始”口令后，参考人员检查信息机房环境、机柜服务器、UPS、精密空调等运行状态。操作完毕后，举手喊“操作完毕”。

3. 当听到“考试结束”的口令后，参考人员立即停止操作，离开考场。

**成绩评定：**

1. 计时从“开始”口令开始至参考人员喊“操作完毕”结束。20 分钟计时铃响时，参考人员不得继续进行操作，否则不记取成绩。

2. 机房综合环境巡检记录填写不全，每缺一项，扣 1 分，共 5 分。

3. 环境配置、机柜配置、服务器运行状态、UPS 供电、空调运行状态，每缺一项，扣 1 分，共 5 分。

4. 未能根据有关标准和要求，提出维护建议，扣 5 分。

**操作流程：**

1. 完成机房综合环境巡检一次；

2. 记录机房环境、服务器、UPS 供电系统、空调等设备运行状态；

3. 根据有关标准和要求，写出维护建议；

5. 20 分钟内完成全部操作。

**信息中心机房日常巡检记录表**

<table>
<tr><td colspan="2">日期：　　年　月　日</td><td colspan="2">时间：　　时　分</td><td>巡检人员：</td></tr>
<tr><td rowspan="4">检查项目</td><td>机房温度</td><td></td><td>机房湿度</td><td></td></tr>
<tr><td>空调状态</td><td></td><td>UPS 状态</td><td></td></tr>
<tr><td>服务器状态</td><td colspan="3"></td></tr>
<tr><td>网络设备状态</td><td colspan="3"></td></tr>
<tr><td>存在问题</td><td colspan="4"></td></tr>
<tr><td>故障处理措施</td><td colspan="4"></td></tr>
</table>

| 机房日常巡检标准 | | | | | |
|---|---|---|---|---|---|
| 巡检类别 | 使用巡检范围 | 巡检项目 | 正常状态判断内容 | 巡检时间 | 巡检状态 |
| 硬件设备部分 | 服务器区、网络配线区、安全网络设备区 | 检查设备是否清扫 | 设备上无可见灰尘 | | □正常　□异常 |
| | | 检查设备面板显示信息有无异常 | 各类设备无错误代码信息,参考各类设备显示状态图示 | | □正常　□异常 |
| | | 检查设备指标灯状态有无异常 | 各类设备指示灯显示正常,参考各类设备指示灯状态图示 | | □正常　□异常 |
| | | 检查设备有无传出异常报警声 | 各类设备无报警蜂鸣声,详见设备报警示意说明 | | □正常　□异常 |
| | | 检查设备有无散发出烧糊(焦)的气味 | 无烧糊(焦)的气味 | | □正常　□异常 |
| | | 检查设备有无出现静电火花 | 设备周围无静电火花出现 | | □正常　□异常 |
| | | 设备有无冒出烟雾 | 设备无烟雾冒出 | | □正常　□异常 |
| | | 设备物理外观是否完好 | 未受物理碰撞,无撞击痕迹 | | □正常　□异常 |
| | | 设备现场是否(位置)就位 | 设备无移动痕迹,保持原地位置 | | □正常　□异常 |
| | | 是否有风从设备吹出 | 有风从设备吹出 | | □正常　□异常 |
| 环境部分 | 环境温度、物理安全隐患、水火灾及鼠害隐患方面 | 机房室内温度是否正常 | 开机状态:夏季 23+2;冬季 22+2 | | □正常　□异常 |
| | | | 停机状态:5～35 | | □正常　□异常 |
| | | 机房室内湿度是否正常 | 开机状态:45%～65% | | □正常　□异常 |
| | | | 停机状态:40%～70% | | □正常　□异常 |

（续表）

| 巡检类别 | 使用巡检范围 | 巡检项目 | 正常状态判断内容 | 巡检时间 | 巡检状态 |
|---|---|---|---|---|---|
| 环境部分 | 环境温度、物理安全隐患、水火灾及鼠害隐患方面 | 机房地面是否清扫 | 无垃圾、可见灰尘等 | | □正常 □异常 |
| | | 机房内空调设备是否正常 | 设备正常运行 | | □正常 □异常 |
| | | 机房室内有无水患 | 机房建筑地面、墙体、顶墙均无水浸蚀 | | □正常 □异常 |
| | | 机房室内是否有鼠害隐患 | 机房室内无老鼠等小动物进出痕迹（鼠尿、粪便等） | | □正常 □异常 |
| | | 机房室内建筑吊顶是否有安全隐患 | 无即将掉落的石膏板、天花板等物 | | □正常 □异常 |
| | | 机房建筑墙体、玻璃隔断等有无安全隐患 | 建筑墙体、地面、玻璃隔断等无裂缝、断裂等痕迹 | | □正常 □异常 |
| | | 机房有无火灾隐患 | 无可燃、易燃易爆及与机房无关物品；温度在正常范围；硬件巡检正常 | | □正常 □异常 |
| | | 机房室内门锁安全是否有效 | 门禁期间推、拉均不能打开室内门 | | □正常 □异常 |
| USP 部分 | USPS 控制部分、电池部分 | UPS 显示屏幕是否能正常显示 | 触摸后能正常显示 UPS 各项信息 | | □正常 □异常 |
| | | UPS 是否处于正常工作状态 | 有负载显示 | | □正常 □异常 |
| | | 供电系统是否正常，是否中断过 | 供电系统正常 | | □正常 □异常 |
| | | UPS 是否有报警声 | 无报警警蜂鸣声 | | □正常 □异常 |
| | | UPS 运行环境温度是否正常 | 符合机房室内正常温度范围 | | □正常 □异常 |
| | | 电池有无漏液现象 | 无电池漏液现象 | | □正常 □异常 |
| | | 电池有无烧糊、烧焦痕迹 | 无电池烧焦及烧糊痕迹 | | □正常 □异常 |

## 课目 10　消防综合业务系统的故障排查

**考核目的：**

考察参考人员对消防综合业务系统故障排查的掌握情况。

**场地器材：**

计算机技能鉴定室，计算机一台（可登录消防综合业务系统），计算机 D 盘文件夹内提供操作信息文档（综合业务系统管理员账号和密码、服务管理平台的 IP 地址及远程登录账号与密码、指定人员的机构信息、指定人员综合业务平台的账号和密码）。

**故障设置：**

综合业务平台服务器无法访问；综合业务平台无法打开；人员数据不能同步；在线邮件发送找不到对应的人员账号。

**操作程序：**

1. 当听到“检查器材”的口令后，参考人员检查考核器材。检查完毕，举手示意，喊“检查完毕”。

2. 当听到“开始”的口令后，参考人员查看是否可以登录综合业务平台；查看人员信息是否与实际情况相符；查看收发邮件时查看是否可以找到对应的账号；按照要求排查故障，使系统恢复正常。

**操作要求：**

1. 正确排除服务器无法访问故障。
2. 正确排除综合业务平台无法登录故障。
3. 正确排除人员信息与实际情况不符的故障。
4. 正确排除收发邮件时不能找到对应账号的故障。
5. 30 分钟内完成全部操作。

**成绩评定：**

1. 计时从“开始”口令开始至参考人员喊“操作完毕”结束。

30分钟计时铃响时，参考人员不得继续进行操作，否则不记取成绩。

2. 故障未排除，综合业务平台不能登录，不得分。

3. 综合平台服务器网络故障未排除的，扣25分。

4. 服务器网络故障排除，但综合业务平台不能正常登录的，扣25分。

5. 综合业务平台可以正常登录，但人员信息不能同步的，扣25分。

6. 无法找到人员账号发送邮件的，扣25分。

# 第二章
# 音视频系统与应急通信管理

## 第一节 音视频系统的操作

### 课目 11 图像综合管理平台故障排查

考核目的：

考察参考人员对图像综合管理平台的掌握情况，能够正确维护图像综合管理平台数据；正确排查图像综合管理平台常见问题。

场地器材：

模拟指挥中心，图像综合管理平台及管理终端，指挥视频终端 2 台，提供系统登录地址、账号和密码 1 份，监控网关软件 1 套。

故障设置：

1. 无法远程登录 MCU 服务器。

2. 本地指挥视频终端图像无法显示。

3. 指挥视频会议中，无法接收到远端终端的音视频信号。

操作程序：

1. 当听到“检查器材”的口令后，参考人员检查考核器材。检查完毕，举手示意，喊“检查完毕”。

2. 当听到“开始”的口令，参考人员根据故障现象对图像综合管理平台进行系统配置、数据维护及故障排查，操作完毕后，举手喊“操作完毕”。

3. 当听到“考试结束”的口令后，参考人员立即停止操作，离开考场。

操作要求：

1. 能够实现 MCU 服务器远程登录。

2. 能够在本地指挥视频终端显示图像。

3. 能够接收到远端终端的音视频信号。

4. 30 分钟内完成全部操作。

成绩评定：

1. 计时从“开始”口令开始至参考人员喊“操作完毕”结束。30 分钟计时铃响时，参考人员不得继续进行操作，否则不记取成绩；

2. MCU 服务器无法正常登录故障未排除，扣 30 分；

3. 本地指挥视频终端无法显示图像故障未排除，扣 20 分；

4. 无法查看营区监控图像，扣 20 分；

5. 指挥视频终端无法接收到远端的音视频信号，扣 30 分。

## 课目 12　语音综合管理平台故障排查

考核目的：

考察参考人员对语音综合平台的故障排查掌握情况。

场地器材：

职业技能鉴定中心，台式计算机 1 台（安装全网调度软件、IP－SETUP、ICO－CONFROL 软件，相关资料 1 份），语音综合管理平台接入会议系统、对讲机、电话和远端互联模块。

故障设置：

1. 主机设备不在线；

2. 超短波设备不在线；

3. 超短波电台声音偏小；

4. 对讲机无法与会议系统互通；

5. 用语综平台拨打指定号码(号码前加拨9)。

操作程序：

1. 当听到“检查器材”的口令后，参考人员检查考核器材。检查完毕，举手示意，喊“检查完毕”。

2. 当听到“开始”的口令，参考人员根据设置的故障现象对语音综合管理进行故障排查，分别实现会议系统与对讲机、电话与对讲机的互通，操作完毕后，举手喊“操作完毕”。

3. 当听到“考试结束”的口令后，参考人员立即停止操作，离开考场。

操作要求：

1. 熟练掌握通信设备故障排查方法；

2. 熟练掌握语音综合管理平台系统组成与终端连接；

3. 能正确排查故障；

4. 20分钟内完成全部操作。

成绩评定：

1. 计时从“开始”口令开始至参考人员喊“操作完毕”结束。20分钟计时铃响时，参考人员不得继续进行操作，否则不记取成绩；

2. 语众平台不在线故障未排除，扣20分；

3. 电台声音大小未调整，扣20分；

4. 无线通信设备不能成功上线，扣20分；

5. 对讲机无法与会议系统互通，扣20分；

6. 电话无法与对讲机互通，扣20分。

7. 20分钟内完成全部操作。

# 课目 13 音视频系统综合应用

考核目的：

考察参考人员对图像综合管理平台、语音综合管理平台综合应用的掌握情况。

场地器材：

模拟通信指挥中心，图像综合平台 1 套，指挥视频终端 1 台，远端指挥视频终端 1 台，3G 单兵图传设备 1 台，卫星便携站 1 套，语音综合平台及管理终端 1 台，超短波电台 1 台。

操作程序：

1. 当听到"检查器材"的口令后，参考人员检查考核器材，检查远端设备是否在线。检查完毕，举手示意，喊"检查完毕"。

2. 当听到"开始"的口令后，操作人员通过会议话筒完成与远程指挥视频终端、卫星便携站音视频通话，3G 单兵图传设备的语音对讲，完成与超短波电台语音通信，操作完毕后，举手喊"操作完毕"。

3. 当听到"考试结束"的口令后，参考人员立即停止操作，离开考场。

操作要求：

1. 正确配置本地音视频参数。

2. 正确组建指挥视频会议并召开会议。

3. 使用语音综合平台软件连接超短波电台和会议系统。

4. 排查调音台华平系统故障。

5. 远端指挥视频终端、卫星便携站、超短波电台能够正常接收图像、声音。

6. 30 分钟内完成全部操作。

**成绩评定：**

1. 计时从“开始”口令开始至参考人员喊“操作完毕”结束。30分钟计时铃响时，参考人员不得继续进行操作，否则不记取成绩。

2. 未正确配置音视频参数，扣2分。

3. 未正确排查视频故障，扣3分。

4. 未正确建立会议，扣2分。

5. 未正确使用语音综合平台软件连接超短波电台和会议系统，扣3分。

6. 未正确排查调音台华平系统声音无法输出的故障，扣3分。

7. 未正确与远端指挥视频终端、卫星便携站进行音视频测试，扣2分。

8. 未正确用会议系统与超短波电台对讲，扣5分。

**操作文档：**

1. 进入华平会议终端。

2. 设置正确的本地音视频参数。

3. 排查摄像头显示画面黑白的故障，检查调音台，排查华平系统声音无法输出的故障。

4. 打开计算机的语音综合管理平台软件，将南京消防士官学校指挥中心的超短波固定台和华平会议系统连接成功。

5. 进入会议终端，组建一个名为“音视频系统综合应用考核”的会议分组。

6. 将本地、常州支队指挥中心拖入会议并召开会议。

7. 与南京士官学校卫星轻量化便携站（图像资源树中的卫星视频—海事卫星单兵—江苏南京士官学校）进行语音对讲。

8. 分别与常州支队指挥中心、南京士官学校卫星轻量化便携站(图像资源树中的卫星视频—海事卫星单兵—江苏南京士官学校)进行音视频测试。

9. 用会议话筒与超短波电台进行音频对讲测试。

## 第二节 应急通信组织

### 课目 14 重特大火灾现场应急通信保障

考核目的:

考察参考人员对重特大火灾现场应急通信保障的能力。

场地器材:

高层、石油化工等复杂场景;350 兆常规对讲机,超短波电台中继台,3G 或 4G 设备图传、卫星便携站 1 套、海事卫星平板、POC、摄像机 3 台、AV 线若干、黑板、帐篷、标志牌。

灾情设定:

某化工厂储罐区起火,油、气罐交叉存放,多处火点,多次爆炸,灭火艰难,冷却任务重,作战时间长,省消防总队统一调度力量,调重兵跨区域作战,部局首长亲临现场指挥。请根据现场提供的通信装备,组织好现场的通信保障工作。

操作程序:

1. 当听到“检查器材”的口令后,参考人员检查考核器材。检查完毕,举手示意,喊“检查完毕”。

2. 当听到“开始”的口令,参考人员根据现场任务制定应急通信保障方案,讲解示范并组织实施,操作完毕后,举手喊“操作完毕”。

3. 当听到“考试结束”的口令后,参考人员迅速停止操作,离开考场。

**操作要求：**

1. 重特大火灾现场应急通信方案要素完整；
2. 通信装备编成合理，人员任务分工明确；
3. 合理设置现场图像采集机位；
4. 上传全局、整体作战态势图像、主要进攻方向图像、局部细节图像3路现场图像；
5. 正确架设超短波中继台，实现中继功能；
6. 正确使用公网对讲机，实现互通；
7. 45分钟内完成全部操作；
8. 现场三级通信组网划分合理并画出拓扑图。

**成绩评定：**

1. 计时从“开始”口令开始至参考人员喊“操作完毕”结束。45分钟计时铃响时，参考人员不得继续进行操作，否则不记取成绩；
2. 未能完整列出重特大火灾现场应急通信方案要素，扣5分；
3. 通信装备编成不合理，人员任务分工不明确，扣2分；
4. 未能合理设置现场图像采集机位，扣10分；
5. 未能上传3路现场图像，扣5分；
6. 未能正确架设超短波中继台，实现中继功能，扣1分；
7. 未能正确使用公网对讲机，实现互通，扣2分；
8. 图像抖动、图像质量差扣2分；
9. 操作失误造成器材损坏，不计成绩；
10. 未画出三级通信组网拓扑图或完全错误扣5分，不完整扣2分。

## 课目 15　重特大事故现场应急通信保障

考核目的：

考察参考人员对重、特大事故救援现场应急通信保障的能力。

场地器材：

模拟地震事故现场。350 兆常规对讲机，超短波电台中继台，3G 或 4G 设备图传，卫星便携站 1 套、海事卫星平板、POC、摄像机 3 台、AV 线若干、黑板、帐篷、标志牌。

灾情设定：

假设某地山区发生强烈地震，灾区附近公网瘫痪，请利用现场器材做好通信保障工作。

操作程序：

1. 当听到“检查器材”的口令后，参考人员检查考核器材。检查完毕，举手示意，喊“检查完毕”。

2. 当听到“开始”的口令，参考人员根据灾情制定应急通信方案，讲解示范并根据复杂环境选择相应通信设备组织实施，操作完毕后，举手喊“操作完毕”。

3. 当听到“考试结束”的口令后，参考人员迅速停止操作，离开考场。

操作要求：

1. 山区地震救援现场应急通信方案要素完整。

2. 通信装备编成合理。

3. 人员分工明确，任务清楚。

4. 现场组织有序。

5. 现场图像采集机位设置合理。

6. 至少上传 3 路现场图像，全面反映现场态势。

7. 讲评针对性强。

8. 45 分钟内完成全部操作。

9. 现场三级通信组网划分合理并画出拓扑图。

成绩评定：

1. 计时从“开始”口令开始至参考人员喊“操作完毕”结束。45 分钟计时铃响时，参考人员不得继续进行操作，否则不记取成绩。

2. 未能完整列出重特大火灾现场应急通信方案要素，扣 5 分；

3. 通信装备编成不合理，人员任务分工不明确，扣 2 分；

4. 未能合理设置现场图像采集机位，扣 10 分；

5. 未能上传 3 路现场图像，扣 5 分；

6. 未能正确架设超短波中继台，实现中继功能，扣 1 分；

7. 未能正确使用公网对讲机，实现互通，扣 2 分；

8. 操作失误造成器材损坏，不计成绩；

9. 未画出三级通信组网拓扑图或完全错误扣 5 分，不完整扣 2 分。

# 第三章
# 培训指导与应用创新

## 第一节　培训指导

### 课目 16　操法教案编写与组织实施

考核目的：

考察参考人员教案编写及组织实施能力。

场地器材：

应急通信技能鉴定区域(室外)，黑板、纸、笔。

考核程序：

1. 考生抽取相关灾情及急通信保障课题(卫星便携站、短波、超短波三级组网、3G 单兵图传、现场指挥部搭建等)。

2. 当听到“开始”的口令时，参考人员根据课题要求，制作板书，讲解，示范，互动教学，并视情组织实施。操作完毕后，举手喊“操作完毕”。

3. 当听到“考试结束”的口令后，参考人员迅速停止操作，离开考场。

考核要求：

1. 教案编写要素完整；

2. 内容、层次、条理清晰；

3. 板书规范，标题醒目、字迹工整、图表清晰、数据准确；

4. 边板书，边讲解；

5. 讲解思路清晰，声音洪亮，重点、难点突出；

6. 组织有序，人员分工明确，角色分配合理，演练流程规范；

7. 45分钟内完成全部操作。

**成绩评定：**

1. 计时从“开始”口令开始至参考人员喊“操作完毕”结束。45分钟计时铃响时，参考人员不得继续进行操作，否则不记取成绩；

2. 未能完整列出教案编写要素，扣5分；

3. 内容、层次、条理不清晰，扣5分；

4. 板书不规范，标题不醒目、字迹不工整、数据不准确，扣4分；

5. 未能边板书边讲解，扣4分；

6. 讲解思路不清晰，声音不洪亮，重点、难点不突出，扣4分；

7. 组织混乱，人员分工不明确，演练流程不规范，扣3分；

8. 操作失误造成器材损坏，不计成绩。

# 灭火救援现场无线通信三级组网训练与组织实施教案（范本）

## 一、训练目的

1. 了解城市覆盖网（一级网）、火场指挥网（二级网）和灭火战斗网（三级网）应用范围；

2. 熟练掌握无线通信三级组网方法；

3. 熟练掌握无线电台通信规则。

## 二、训练场地

学校模拟隧道、船舶、山岳、建筑倒塌、油罐、高层等训练场。

## 三、训练器材

350 兆常规对讲机 25 部（含备用 1 部）350 兆中继台 2 部（含备用 1 部），黑板、帐篷、标识牌、袖标、扩音器等教学用具。

## 四、训练对象

全体人员

## 五、人员角色定位、呼号与频道

（一）总队全勤指挥部

总队指挥长————001（CH4）

总队通信员————010（CH4/CH15）

（二）支队指挥中心——800（CH13）

（三）支队全勤指挥部

支队指挥长————801(CH14)

支队通信员————810(CH4/CH13/CH14/CH15)

（四）辖区中队

一中队指挥员————101(CH14/CH16)

一中队通信员————110(CH13/CH14/CH15/CH16)

一班班长————111(CH16)

二班班长————112(CH16)

（五）增援中队

二中队指挥员————201(CH14/CH17)

二中队通信员————210(CH13/CH14/CH15/CH17)

一班班长————211(CH17)

二班班长————212(CH17)

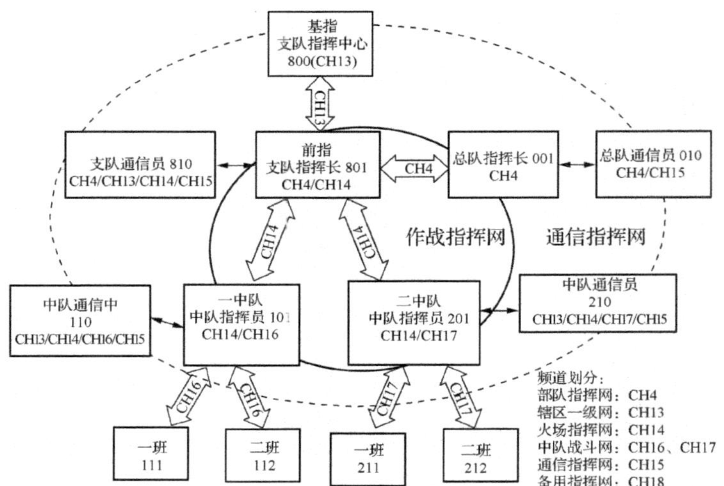


备注：中队通信员 CH13 频道在前勤指挥部成立之前应用；全勤指挥部成立后，切换至 CH14 频道。

## 六、无线通信联络图

**网络构成要素：**

1. 一级网(CH13)：支队指挥中心、支队指挥长、支队通信员、中队通信员

2. 二级网

① 作战指挥网(CH14)：支队指挥长、支队通信员、中队指挥员、中队通信员

② 通信指挥网(CH15)：总队通信员、支队通信员、中队通信员(所有的通信人员同时值守本级最高指挥员指挥信道)

③ 备用指挥网(CH18)：战勤保障人员

3. 三级网(CH16/17)：中队指挥员、中队通信员、班长、驾驶员

4. 总队指挥网(CH4)：总队指挥长、总队通信员、支队指挥长、支队通信员

## 七、人员角色定位及器材分配

指定1名同志担任总队全勤指挥部指挥长，分配1部对讲机；1名同志担任总队通信员，分配2部对讲机；

指定1名同志模拟支队指挥中心，分配1部对讲机；

指定1名同志担任支队全勤指挥部指挥长，分配2部对讲机；1名同志担任支队通信员，分配4部对讲机；

指定2个中队指挥员，各配备2部对讲机；

指定2个中队通信员，各配备3部对讲机；

指定4个战斗班长，各配备1部对讲机。

## 八、器材检查

口令一：检查器材，要素：电量、天线、音量、频道，开机测试；

支队指挥长与总队指挥长进行收发测试(总队指挥网);

支队通信员与支队指挥中心进行收发测试(一级网);

支队指挥长与中队指挥员进行收发测试(二级网);

中队指挥员与各班长进行收发测试(三级网);

通信指挥网与备用指挥网信道测试(二级网);

口令二:报告器材检查情况

## 九、组网训练

### (一)灾情设定

某时某分,某地发生火灾,辖区中队到达现场后,发现火势较大,中队指挥员通过对讲机与指挥中心联系,请求增援;指挥中心接到报告后,立即通知增援中队前往事故现场增援;总队和支队全勤指挥部遂行出动。

### (二)训练要求

1. 正确选择信道。

2. 规范通信用语:

① 数码读音;

② 半双工电台呼叫规则:

| 数码 | 1 | 2 | 3 | 4 | 5 | 6 | 7 | 8 | 9 | 0 |
|---|---|---|---|---|---|---|---|---|---|---|
| 读音 | 幺 | 两 | 三 | 四 | 五 | 六 | 拐 | 八 | 勾 | 动 |

呼叫应答程序:对方电台呼号(两次),自己电台呼号(后面加“呼叫”一次),收到请回答;对方电台呼号(两次),自己电台呼号(前面加“我是”一次),有话请讲。

发话收话程序:自己电台呼号(呼号前加“我是”一次),请收话。发话完毕,根据情况加“完毕”。话文收妥后,根据话意回答“明白”。

3. 遵守通信规则：

① 少发多听；

② 不需要发言时保持静默；

③ 如需发言，应等待他人通话完毕。

4. 架设中继台：

① 合理选址，选择开阔地、制高点，避开高大建筑物、电力线等；

② 注意防雷接地，防水防潮；

③ 保证设备供电不小于 4 小时；

④ 设备连接牢靠，电缆接头匹配。

（三）成绩评定

1. 一级网、二级网和三级网应用不清楚的扣 20 分

2. 信道选择错误的扣 10 分

3. 通信用语不规范、程序有一处错误漏扣的扣 10 分、数码读音一处错误扣 2 分

4. 通信规则不熟悉的，出现抢话、插话的，一次扣 10 分

5. 通信不畅或是通话不清楚的扣 10 分

6. 设备持续供电时间少于 4 小时的扣 10 分

7. 人员角色分工不明确、组织混乱的扣 10 分

8. 训练流程不完整的，每缺一项扣 10 分

（四）组织实施

1. 辖区中队到达现场，通信员向指挥中心报告（一级网 CH13）

“800，800，110 呼叫，收到请回答”

“110，110，我是 800，有话请讲”

“我是 110，中队已到达现场”

“800，明白”

2. 辖区中队组织指挥(三级网 CH16)

“111,111,101 呼叫,收到请回答”

“101,101,我是 111,有话请讲”

“我是 101,由你负责组织人员内攻”

“111,明白”

3. 辖区中队指挥员向指挥中心请求增援(一级网 CH13)

“800,800,101 呼叫,收到请回答”

“101,101,我是 800,有话请讲”

“我是 101,现场火势较大,请求增援,完毕”

“800,明白”

4. 指挥中心调派增援中队(一级网 CH13)

“201,201,800 呼叫,收到请回答”

“800,800,我是 201,有话请讲”

“我是 800,某地发生火灾,目前火势较大,请立即赶往增援,是否明白”

“201 明白”

5. 增援中队到达现场,通信员向指挥中心汇报(一级网 CH13)

“800,800,210 呼叫,收到请回答”

“210,210,我是 800,有话请讲”

“我是 210,中队已到达现场增援”

“800,明白,请将电台调至 16 频道,与辖区中队联系”

“210,明白”

6. 增援中队指挥员向辖区中队指挥员领受作战任务(三级网 CH16)

“101,101,201 呼叫,收到请回答”

“201,201,我是 101,有话请讲”

“我是 201,我们已到达现场,具体任务是什么”

“201,由你们负责后方供水”

“201 明白”

7. 支队全勤指挥部到场,通信员向指挥中心汇报(一级网 CH13)

“800,800,810 呼叫,听到请回答”

“810,810,我是 800,有话请讲”

“我是 810,支队全勤指挥部已到达现场,完毕”

“800,明白”

8、支队全勤指挥部到场,通信员架设中继台,建立火场指挥网(一级网 CH13)

“各参战中队请注意,我是 801,现场中继台架设完毕,请立即将现场指挥频道转为 14 频道,是否明白”

“101 明白”

“201 明白”

9. 支队通信员现场架设中继台,负责现场通信组织(二级网 CH14)

“各中队通信员请注意,现在进行信号测试”

“110 收到,信号 5 分”

“210 收到,信号 5 分”

10. 总队全勤指挥部到场,组织指挥(二级网 CH4)

“801,801,我是 001,我已到达现场,请立即报告现场情况”

“001,001,我是 801,现场火势较大,报告完毕”

“001 明白”

11. 总队通信员随行指挥长,负责电台监听、值守和现场通信组织(CH15)

“810,810,我是 010,请你立即转达前方一线人员,务必要注意安全”

“810 明白”

“各参战中队请注意，我是 810，现转达上级首长指示，请各参战人员，务必要注意安全。”

“101 明白”

“201 明白”

“各班请注意，我是 110，请参战人员注意安全”

“111 明白”

“112 明白”

“各班请注意，我是 210，请参战人员注意安全”

“211 明白”

“212 明白”

（五）讲评

演练结束。最后由指挥员带回指定位置。

## 课目 17　通信建设项目的规划与建设

**考核目的：**

考察参考人员参与通信项目的规划与建设能力。

**场地器材：**

模拟通信指挥中心，台式计算机一台，纸、笔。

**考核程序：**

1. 考生抽取相关课题（一体化建设、大集中接处警、消防卫星通信专网等项目的规划与建设方案）。

2. 当听到“开始”的口令时，参考人员根据题目要求，选择计算机或纸、笔，于 30 分钟内完成所选课题的规划与建设方案；操作完毕后，举手喊“操作完毕”。

3. 当听到“考试结束”的口令后，参考人员迅速停止操作，离开考场。

考核要求：

1. 方案编写要素完整；

2. 内容层次清楚、条理；

3. 讲解思路清晰，声音洪亮，重点、难点突出；

4. 系统结构图、拓扑图、信号流程图完整；

5. 45 分钟内完成全部操作。

成绩评定：

1. 计时从“开始”口令开始至参考人员喊“操作完毕”结束。45 分钟计时铃响时，参考人员不得继续进行操作，否则不记取成绩；

2. 方案编写要素不完整，每缺一项扣 5 分；

3. 内容层次不清楚、条理不清晰扣 10 分；

4. 讲解思路不清晰，重点、难点不突出扣 10 分；

5. 系统结构图、拓扑图、信号流程图，每少一图扣 20 分，图中每错、漏一处扣 5 分。

# 消防信息化建设与规划
# （范文）

## 一、优化基础性技术设施，提升信息支撑能力

### 1. 建设云计算中心

根据省总队统一部署，依托政府云计算、大数据、物联网等新技术应用，建设集约共享、开放高效、安全可靠的数据中心，为各类数据服务及系统运行提供支撑服务。2015 年，探索数据采集、资源整合、信息共享等消防工作在政府云服务上的应用；2016 年，通过同步建设或分批迁移的形式，将各个子系统部署于消防服务云平台上，逐步完成消防专业服务数据库，初步建成大数据平台；2017 年，汇聚纵向各级部队和横向各有关单位的数据，实现数据的统一汇聚和科学管理，提高数据处理能力，全面提高消防信息化基础保障水平。

### 2. 优化网络基础设施和移动应用

升级骨干网络，实现超高速、大容量传输，基层部队全面实现宽带接入。落实国家等级保护政策，开展网络安全等保定级、测试工作，严格按照应用系统入网准入规范和流程。落实系统入网工作，加强公安网边界安全防护、依托省消防总队和市公安局建立数据交换专用通道，保证公安网与其他网络数据安全共享。科学应用统一规范、功能完备的内外网管理平台，实现整体化、精细化、智能化管理，提升信息网整体运维管理水平。2015 年，全市信息网、调度网和互联网带宽实现全面升级，并逐步开展电视电话会议标清系统升级为高清系统工作；组织信息安全

等级保护测评，搭建异地灾备和安全中心，提升信息安全等级；2016 年～2017 年，应用网络运维管理平台，启用电子公章及电子签名系统和移动接入平台。

**3. 完善应急通信平台**

建设一体化指挥通信平台，整合有线、无线、卫星、视频等通信手段，接入 PGIS、视频监控、接处警等信息系统，实现扁平化、智能化指挥。2015 年起，支队本级和有条件的大队配备无人侦察机，依托公安警用数字集群(PDT)无线网络，逐步推进数字对讲系统升级；2016 年，有条件的单位配备模块化侦察突击车，实现高速率、无盲区覆盖；2017 年，依托北斗服务系统，对接一体化通信指挥平台，实现对警力部署的快速定位、查询、监控。

## 二、紧盯信息技术前沿，助推消防业务工作再上新台阶

**1. 加强新技术研发**

探索建立消防员生理指标监测和三维坐标定位，开展基于 4G 网络的灾害现场无线信号覆盖系统和基于自组网技术的地下图像传输模块研究，建立复杂火场环境音视频的稳定、可靠传输；开展基于大数据分析的数据挖掘数学模型研究和软件开发，实现对消防安全形势和消防工作趋势的科学研判。2015 年，完成基于网络的灾害现场无线信号覆盖系统研究部署，并开展消防员火场定位系统的研究；2016 年，完成消防员火场定位系统建设，探索基于自组网技术的地下图像传输模块和大数据分析研究；2017 年，推广应用消防员生理指标监测和三维坐标定位系统，利用大数据分析技术开展消防安全形势和消防工作趋势研判。

**2. 强化人才队伍的业务水平提升**

建立机制健全、层级分明、方式多样的消防信息化培训体

系，明显提升广大消防官兵信息化应用技能和服务实战能力，适应信息化条件下消防工作和部队建设需要。以普训和专业化集训相结合，辅以地方培训，培养造就一批视野宽、知识广、专业精的消防信息化专业人才。2015年起，支(大)队每年至少分别组织开展1次信息化专题讲座或中心组理论学习，了解掌握信息化建设的规划、方针政策和技术发展趋势，熟悉消防信息化建设与应用情况，着力提高信息化条件下科学决策的水平；支(大)队其他干部分级组织开展信息化应用全员培训，确保参训率达100%，实现人人会操作系统、会查询数据、会利用网络办公、会利用系统分析防灭火工作形势，胜任本岗位工作需要。信通骨干培训时间每年不少于15天，开阔基层信息通信岗位人员视野，提高操作技能和运行维护能力。推进信通专业人员职业技能鉴定工作，2015年、2016年，通信员和计算机系统管理员的鉴定率分别达到90%、100%。

(二) 应用与创新

## 课目18　消防通信新技术、新系统、新装备的测试

考核目的：

考察参考人员参与通信新技术、新系统、新装备的测试能力。

场地器材：

应急通信技能鉴定区域(室外)，卫星便携站、海事卫星平板、发电机。

考核程序：

1. 考生抽取相关课题[消防无人机、灾害现场无线信号覆盖系统、远程控制图像传输系统等新技术、新系统、新装备的测试]。

2. 当听到“开始”的口令时，参考人员根据抽取的课题，编

写测试方案，讲解，答辩。

3. 当听到“考试结束”的口令后，参考人员迅速停止操作。

考核要求：

1. 新技术、新系统、新装备测试方案要素齐全，图表设计合理；

2. 人员分工明确，测试方法可行；

3. 讲解、答辩思路清晰，声音洪亮；

4. 30 分钟内完成全部操作。

成绩评定：

1. 计时从“开始”口令开始至参考人员喊“答辩完毕”结束。30 分钟计时铃响时，参考人员不得继续进行操作，否则不记取成绩；

2. 新技术、新系统、新装备测试方案要素不齐全，图表设计不合理，扣 5 分；

3. 人员分工不明确，测试方法不可行，扣 10 分；

4. 讲解、答辩思路不清晰，声音不洪亮，扣 5 分；

5. 操作失误造成器材损坏，不计成绩。

# TS－500型轻量化卫星便携站在南京复杂地区应用测试报告（范本）

## 1 测试目的

### 1.1 测试目的

为进一步测试轻量化卫星便携站TS－500型在消防部队处置重特大自然灾害时的性能和作用，建立基于自主卫星网管的应急通信系统，发挥卫星通信技术在各种复杂地区及灾害事故现场应急指挥作用。针对部局配发的TS－500型轻量化卫星便携站在南京复杂地区展开应用测试。

## 2 测试人员与器材

### 2.1 人员器材

**2.1.1 人员**

测试人员：部局信通处高级工程师滕波、南京消防士官学校信通教研室全体成员。

**2.1.2 器材**

轻量化卫星便携站TS－500型一套；

天线口径：0.5 m；

标尺软件一套。

### 2.2 环境条件

测试地点：南京市江宁区阳山碑材马场，海拔50 m，北纬

32°4′，东经 118°59′

现场环境：植被茂密丘陵区、深切割山区、深水湖边

天气：阴

时间：11：10 至 16：00

俯仰角：25°

方位角：南偏西 20°～30°

极化角：－20°

TS－500 型带宽：1M

## 3 测试方法、流程与内容

### 3.1 测试方法

#### 3.1.1 比较测试法

采用轻量化卫星便携站 TS－500 型与标准化卫星便携站在同一环境同一位置进行音视频测试。

#### 3.1.2 不同区位法

采用轻量化卫星便携站 TS－500 型，选择植被茂密丘陵区、深切割山区、深水湖边 3 种不同环境、不同位置进行音视频测试。

### 3.2 测试流程

#### 3.2.1 下行信号测试

通过卫星天线接收的射频信号经 LNB 放大、变频为 L 波段信号；经 1：2 功率分配器分为 2 路信号，一路送至寻星仪，提供卫星信号强度指示，另一路送至调制解调器，恢复出数字信号送至通信业务网络。

#### 3.2.2 上行信号测试

来自通信网络的 IP 业务信号流进入卫星调制解调器调制为 L 波段的中频信号；中频信号送入 BUC 变频、放大为 Ku 波

段射频信号，经卫星通信天线发射至卫星转发器。

3.3 测试内容

### 3.3.1 参数对比

轻量化卫星便携站与标准化卫星便携站的主要参数对比。

### 3.3.2 应用测试

测试现场音视频信号与公安部消防局综合控制室的实时通信传输，与南京消防士官学校视频会议终端单向视频实时传输互联。

## 4 结果与分析

测试结果显示 TS－500 型能够在这些地区实现音、视频正常传输，能够达到预期效果。

4.1 轻量化卫星便携站与标准化卫星便携站参数对比

表 4.1 轻量化卫星便携站与标准化卫星便携站参数对比

| 对比项目 \ 便携站型号 | TS－500 | 标准化卫星便携站 |
|---|---|---|
| 天线口径/m | 0.5 | 0.95 |
| BUC/W | 3 | 16 |
| LNB/GHz | 12.25～12.75 | 12.25～12.75 |
| 重量/kg | 8.75 | 52 |
| 包装 | 1 | 3 |
| 单兵图传 | 华平单兵图传设备 | 微波单兵收发装置 |
| 会议终端 | 无 | 华平会议终端 |
| 对星方式 | 手动 | 手动 |
| 对星时间/min | 5 | 5 |

（续表）

| 对比项目 \ 便携站型号 | TS-500 | 标准化卫星便携站 |
| --- | --- | --- |
| 操作人数 | 1 | 3 |
| 对星工具 | 寻星仪 | 频谱仪 |
| 地质罗盘 | 无 | 有 |
| 显示屏 | 无 | 有 |
| 键鼠 | 无 | 有 |
| 建会权限 | 无 | 有 |

## 4.2 测试现场环境、图示及记录

### 4.2.1 测试现场全景

图 4.2.1 测试现场全景

## 4.2.2 植被茂密丘陵测试区

图 4.2.2(1) 植被茂密丘陵测试区

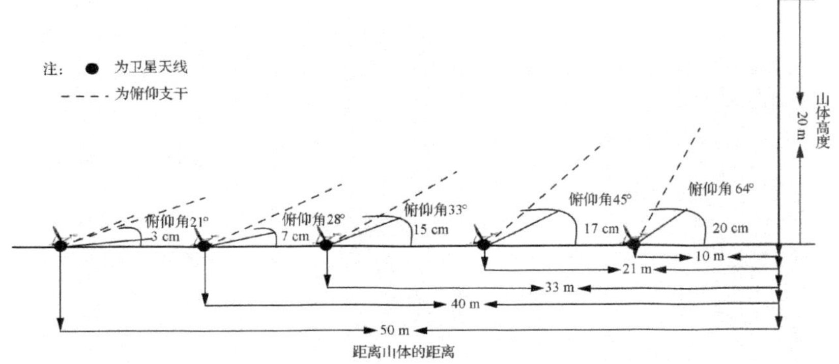


图 4.2.2(2) 植被茂密丘陵测试区

表 4.2.2　植被茂密丘陵测试区

| 设备型号 | 离山体距离/m | 山体高度/m | 俯仰支杆离地距离/cm | 图像传输质量/分 | 语音传输质量/分 | VoIP 电话通话质量/分 | 卫星电话通话质量/分 |
|---|---|---|---|---|---|---|---|
| TS500 轻量化卫星便携站 | 50 | 20 | 3 | 5 | 5 | 5 | 5 |
| | 40 | | 7 | 5 | 5 | 5 | 5 |
| | 33 | | 15 | 5 | 5 | 5 | 5 |
| | 21 | | 17 | 5 | 5 | 5 | 5 |
| | 10 | | 20 | 5 | 5 | 5 | 5 |

### 4.2.3　深切割山测试区

图 4.2.3(1)　深切割山测试区

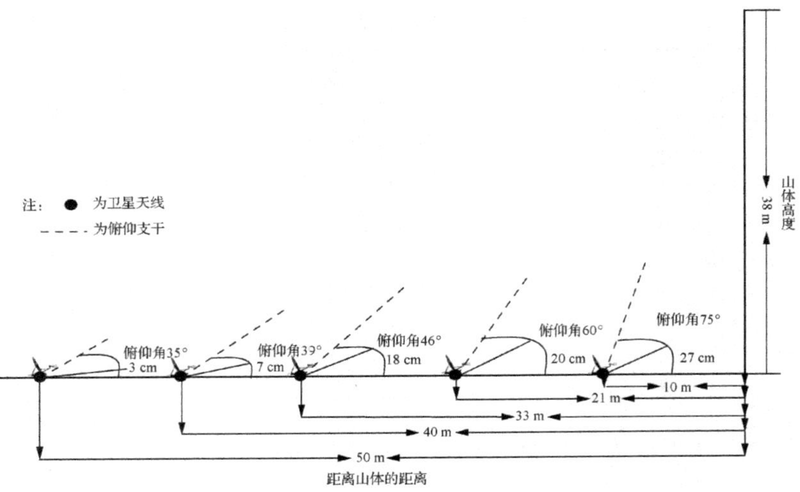


图 4.2.3(2) 深切割山测试区

表 4.2.3 深切割山测试区

| 设备型号 | 离山体距离/m | 山体高度/m | 俯仰支杆离地距离/cm | 图像传输质量/分 | 语音传输质量/分 | VoIP 电话通话质量/分 | 卫星电话通话质量/分 |
|---|---|---|---|---|---|---|---|
| TS500 轻量化卫星便携站 | 50 | 38 | 3 | 5 | 5 | 5 | 5 |
| | 40 | | 7 | 5 | 5 | 5 | 5 |
| | 33 | | 18 | 5 | 5 | 5 | 5 |
| | 21 | | 20 | 5 | 5 | 5 | 5 |
| | 10 | | 27 | 5 | 5 | 5 | 5 |

## 4.2.4 深水湖边测试区

图 4.2.4(1) 深水湖边测试区

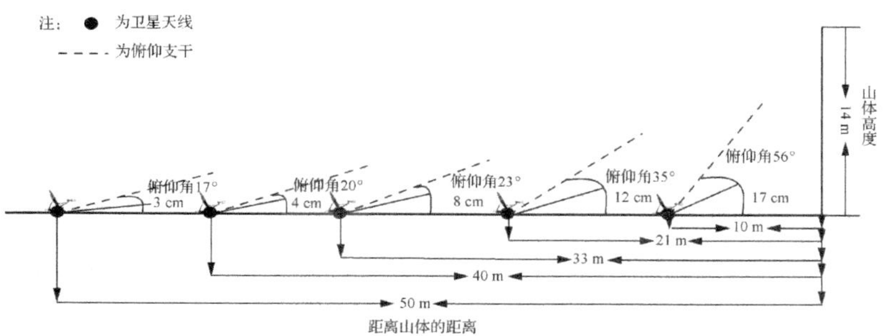


图 4.2.4(2) 深水湖边测试区

表 4.2.4　深水湖边测试区

| 设备型号 | 离山体距离/m | 山体高度/cm | 俯仰支杆离地距离/cm | 图像传输质量/分 | 语音传输质量/分 | VoIP 电话通话质量/分 | 卫星电话通话质量/分 |
|---|---|---|---|---|---|---|---|
| TS500 轻量化卫星便携站 | 50 | 14 | 3 | 5 | 5 | 5 | 5 |
| | 40 | | 4 | 5 | 5 | 5 | 5 |
| | 33 | | 8 | 5 | 5 | 5 | 5 |
| | 21 | | 12 | 5 | 5 | 5 | 5 |
| | 10 | | 17 | 5 | 5 | 5 | 5 |

## 5　讨论

通过测试轻量化卫星便携站 TS500 型的应用能力，在应急救援现场应做到：

### 5.1　准确判断地形地貌

通过地质罗盘，大致确定方位角，比如南京是方位角南偏西 20°～30°，利用相关地质器材装备，人为的避开当地恶劣环境，快速确定最佳架设地点。

### 5.2　拼装天线，连接线缆

开始拼装天线各部分组件，拼装完成后，分别连接功放及 LNB 至卫星便携站主机，对星时将 LNB 连接至卫星便携站主机，一端连接到寻星仪上。

### 5.3　准确对星

在整个测试过程中，对星是比较关键的，由于我们测试的 TS－500 是手动对星，首先确定大致俯仰角，观察寻星仪上的 C/N 值为 3～4，再通过左右微调天线，使 C/N 值为 7～8 即可，此时需要固定住天线，确定对上星，并申请调配链路。

轻量化卫星便携站 TS500 型是突发事件应急通信体系建设的基础保障,为处置应急事件提供快捷有效的通信链路,尤其便携、轻量化特点,对提高应急救援现场的信息获取能力以及突发事件的快速反应、组织协调、决策指挥等具有重要意义。